JN323882

生物学の歴史

アイザック・アシモフ
太田次郎 訳

講談社学術文庫

A SHORT HISTORY OF BIOLOGY
by
Isaac Asimov

This translation published by arrangement with
Doubleday, an imprint of The Knopf Doubleday
Publishing Group, a division of Random House LLC
through The English Agency (Japan) Ltd.

目次

生物学の歴史

第一章　古代の生物学……11
科学の始まり／イオニア／アテネ／アレクサンドリア／ローマ
第二章　中世の生物学……28
暗黒時代／ルネッサンス／過渡期
第三章　現代生物学の誕生……39
新しい解剖学／血液の循環／生化学の始まり／顕微鏡
第四章　生物の分類……57
自然発生／種を配列すること／進化への接近／地質学的背景

第五章　化合物と細胞……78
気体と生物／有機化合物／組織と胚
第六章　進　化……99
自然選択／進化をめぐる争い／人間の進化／進化の支流
第七章　遺伝学の始まり……117
ダーウィン説の欠陥／メンデルのエンドウ／突然変異／染色体
第八章　生気論の衰微……134
窒素と食物／熱量測定／発酵／酵素
第九章　病気との闘い……153
種痘／病気の胚種説／細菌学／昆虫類／食物因子／ビタ

ミン
第一〇章　神経系……176
催眠術／神経と脳／行動／神経電位
第一一章　血　液……194
ホルモン／血清学／血液型／ウイルス病／アレルギー
第一二章　物質代謝……216
化学療法／抗生物質と殺虫剤／物質代謝の中間物質／放射性同位元素
第一三章　分子生物学――タンパク質……234
酵素と助酵素／電気泳動とX線回折／クロマトグラフィー／アミノ酸配列

第一四章　分子生物学——核酸……251
ウイルスと遺伝子／ＤＮＡの重要性／核酸の構造／遺伝暗号／生命の起源
訳者あとがき——学術文庫版の刊行にあたって……275
索　引……285

生物学の歴史

第一章　古代の生物学

科学の始まり

生物学は生きものに関する学問である。人間の知性が発達して、自分自身は自分が立っている動かない、感情のない大地とは異なった物体であると気がついたとき、生物学は始まった。しかしながら、何世紀もの間、生物学は科学として認められるような形ではなかった。人々は、自分や他人の病気をなおそうとしたり、苦痛をやわらげ、健康を回復し、死を防ごうとしなければならなかった。彼らは、まず魔術や宗教の儀式によってそのことを行った。すなわち、ことのなりゆきをかえてくれるように、神や悪魔を強制したり、丸めこんだりしようとした。

また、動物が食用として肉屋に、いけにえとして聖職者に切りさかれるたびに、人々は、動物体の生きたつくりを観察せざるをえなかった。器官の詳しい特徴に注意がはらわれたが、それらのはたらきを調べようとするためではなく、未来に関してどんな情報を知らせてくれるかを学ぶためであった。初期の解剖学者は、雄ヒツジの肝臓の形や外観によって、国王と国民の運命を予測する予言者であった。

迷信に圧倒的に影響されていたときでも、疑いもなく、多くの有益な知識が時代とともに集められた。古代エジプトで、あれほど手ぎわよくミイラを防腐し、保存した人々は、人間の解剖学についての実際上の知識をもっていなければならなかった。バビロニアの歴史をたぶん紀元前一七〇〇年頃までさかのぼったころのハムラビ法典には、医薬業についてのくわしい規則が記してある。そしてその当時には、実際の観察をもとに苦心して集められた、有益で役立つ知識をもつ医者がいた。

それにもかかわらず、人々が宇宙は気まぐれな悪魔の絶対支配下にあると信じ、自然は超自然の支配下にあると思っている限り、科学の進歩は非常に遅れざるをえなかった。最上の知性も、目にみえる世界の研究には向けられず、霊感や天啓を通して、目にみえない霊の支配する世界を理解することへ向かうのが自然であった。

確かに、個人々々はときどきそのような見方をしりぞけて、自分の感覚を通して示される世界を研究することに関心をもったに違いない。しかし、それらの人々は敵視する文化に負け、存在がわからなくなり、名前も残らず、影響もなくなってしまった。

このようすをかえたのは古代ギリシャ人である。彼らは、落ち着かない、好奇心にみちた、口達者で知能が高く、議論ずきで、ときには不遜な人々であった。ギリシャ人のほとんどすべては、その当時およびそれ以前の他の人々と同じように、神々や半神半人の目にみえない世界の中に住んでいた。もし、彼らの神々が他の民族の異教の神々よりはるかに魅力に富んでいたならば、彼らのふるまいはそんなにも子どもっぽくなかったであろう。病気はアポロの矢によって引きおこされた。そして、アポロはあるささいな原因でやたらにいきどおりにかりたてられたり、いけにえや適当なお世辞でなだめることができたりした。

しかし、これらの考えに同意しなかったギリシャ人もいた。紀元前六〇〇年頃、イオニア（現在はトルコ領であるエーゲ海岸）に哲人たちがあらわれ、今までの考えをかえる運動を始めた。いい伝えによると、ターレス（Thales 紀元前六四〇？〜前五四六年）がその祖である。

イオニアの哲人は、超自然のことがらを無視し、宇宙のできごとは、固定した不変の型にしたがっていると考えた。彼らは因果律の存在を仮定した。すなわち、すべてのできごとには原因があり、ある一つの原因は気まぐれな意志によってかえられることなく、必然的にそれに対応する結果を生じるというのである。さらに進んだ仮説は、宇宙を支配している〝自然の法則〟は人間の知性で理解でき、そしてそれは最初の法則あるいは観察から推論することができるというのである。

この考え方は宇宙の研究に威厳をそえた。人間は宇宙を理解することができると主張し、一度得られた理解は永続するという確信を与えた。たとえば、太陽の運動を支配する法則についての知識が得られたならば、フェイソン（太陽の神の子）が太陽の戦車の手綱をとると決心し、それを気ままな径路にそって空を横切らせたりしたとき、その知識が急に使いものにならなくなるとおそれる必要はないのである。

これらの初期のイオニアの哲人たちについては、ほとんどわかっていない。彼らの仕事も消失してしまった。しかし、彼らの名前は残り、彼らの教えの真髄も残っている。さらに、〝合理主義〟の哲学（宇宙の動きは天啓よりも理性によって理解できるという信念）は彼らにより始められ、決してほろびなかった。ローマ帝国の滅亡後、動揺の大きい成長期をもち、ほとんど消滅するかと思えるほどゆらいだが、決して完全に失われはしなかった。

イオニア

合理主義が生物学にはいったのは、動物体の内部のつくりが、神託をとりつぐものとしてでなく、それ自身として研究され始めたときである。いい伝えによると、みたものを記載するためだけの目的で動物を解剖した最初の人は、アルクマエオン（Alcmaeon 紀元前六世紀頃の人）である。紀元前五〇〇年頃、彼は目の神経を記載し、卵の中で成長していくニワトリの構造を調べた。したがって、彼は**解剖学**（生物の構造に関する学問）と**発生学**（誕生前の生物に関する学問）の最初の研究者であると考えてよいであろう。アルクマエオンは、中耳とのどを結んでいる細い管についてさえ記載している。これは、それ以後の解剖学者には見落とされ、それから二〇〇〇年後になってやっと再発見された。

しかし、生物学における合理主義的な考え方の始まりに関して最も重要な名前は、ヒッポクラテス（Hippocrates 紀元前四六〇?～前三七七年?）である。彼については、イオニア海岸から少し離れたコス島で生まれ、そこで暮らしたということ以外ほとんど何も知られていない。コス島には、ギリシャの医学の神であるアスクレピウスの神殿があった。その神殿は今日の医学校にほぼ相当し、そこに僧侶として受け入れられることは、現代の医学の学位を得ることと同じであった。

生物学へのヒッポクラテスの偉大な功績は、アスクレピウスを単なる名誉上の地位に引き下ろしたことである。ヒッポクラテスの考えでは、いかなる神も医術に影響をおよぼさなかった。彼によれば、からだを構成している各部分がうまく調和してはたらいているのが健康体であり、それらがうまくいっていないのが病気のからだである。医師の仕事は、からだのはたらきのどこに欠陥があるかを見つけ、それらの欠陥をなおすような適当な処置をとるために、くわしく観察することである。適当な処置とは、祈りやいけにえではなく、悪魔を追い出したり、神々をなだめたりすることでもない。患者を休養させ、清潔にしているか、新鮮な空気と衛生的な食事をとっているかどうかに注意することが、おもな処置である。度を過ごすということは、どんな形のものでも何かしらからだの調和を失わせるので、すべてのことに節度がなければならない。

つまり、ヒッポクラテスの考えによると、医師の役割は、自然の法則自身に治療をまかせることである。からだは、いつもはたらく機会が与えられている自己回復装置をもっている。医学の知識がとぼしかった時代に、これはすぐれた考え方である。

ヒッポクラテスは、彼の時代以後何世紀も続いた医学の伝統の基礎を発見した。この伝統をつぐ医師たちは、彼らの書いたものにヒッポクラテスの名誉ある名を冠したので、ヒッポクラテス自身が実際に書いたのはそれらの中のどの本であるかはわからなくなってしまった。現在でも医学生たちが学位を受けるときに引用している〝ヒッポクラテスの誓い〟は、ほぼ確実に彼が書いたものではない。実際、彼よりおよそ六世紀後に初めてつくられたものである。一方、ヒッポクラテスの著述の中で最も古いものの一つは、てんかんについて書かれたもので、彼自身が書いた最もすぐれたものであろう。もしそうであれば、生物学に合理主義が出現したすぐれた例である。

てんかんは脳のはたらき（まだ完全に理解されたわけではないが）の疾患であり、からだに対する脳の正常な支配が混乱をきたしてしまう。軽い症状では、患者は感覚の印象を誤って受けとり、その結果幻覚を経験する。さらに重い症状では、筋肉の調整が突然きかなくなり、発作的にけいれんし、地面に倒れ、叫び出し、ときどき自分自身をひどく傷つける。

てんかんの発作は長くは続かないが、神経系の複雑さを知らない傍観者は、人間が自分の意志でなく動いたり、それによりみずからを傷つけたりするのをみたら、ある超自然的な力がその人のからだの統制をにぎってしまったとたやすく信じてしまう。てんかん患者は、〝悪霊にとりつかれている〟、そして、この病気は超自然的なものが関係しているので、〝神聖な病気〟である、というふうに。

たぶんヒッポクラテス自身により書かれた紀元前四〇〇年頃の『神聖な病気について』という本の中で、この考えは強く反対されている。ヒッポクラテスは、一般に病気を神のせいにするのは無益なことであると述べ、てんかんを例外であると考える理由はないと主張した。てんかんは他のすべての病気と同じように、自然の原因をもち、合理的な処置ができる。たとえ原因がわからず、処置が確実でなくても、原則をかえることはない。

現代科学のすべてはこの考えを改善することはできない。そして、もし人が生物学の始まりとして、一つの年代、一人の人、一冊の書物を探そうとすれば、紀元前四〇〇年、ヒッポクラテスの『神聖な病気について』以上のものを探し出すことはできないであろう。

アテネ

ギリシャの生物学と、一般の古代科学は、アリストテレス（Aristotle 紀元前三八四～前三二二年）で一種の頂点に達した。彼は北ギリシャの生まれで、青年期の終わりごろはアレキサンダー大王の先生であった。しかし、アリストテレスの最良の時期は、中年になってから、有名なアテネの学園をつくり、そこで教えた時代であった。彼は、ギリシャの哲人の中で、最も多才で、うんちくのある人であった。物理学から文学まで、政治学から生物学まで、ほとんどすべての問題について書いている。後になって、おもに生命のない宇宙の構造と運動に関する物理の著作が最も有名になった。しかし、これらは事実が示しているように、ほとんど完全に誤りであった。

　一方、彼が最初で貴重な知的愛情をそそいだのは、生物学、特に海の生物についての研究であった。さらに、彼の科学的な著作の最上のものと認められたのは、生物学の本であった。しかし、それは後の時代でもほとんど注目されなかった。

　アリストテレスは、注意深くまた正確に、生物の外観と習性とを書きとめた（これは**博物学**の研究である）。その中で、彼は約五〇〇種類あるいは**種**の動物をあげ、それらを区別している。リスト自身はささいなものであるが、アリストテレスはそれ以上のことを行った。彼は、異なった動物を類別にまとめ、それらをまとめるのは必ずしも単純でたやすくはないことを認めた。たとえば、陸上の動物は四つ足の生き物（獣類）と、飛ぶことができる羽をもった生き物（鳥類）および残りの雑多な生き物（**ヴァーミン**――vermin　虫〔worm〕に対するラテン語ヴァーミス〔vermis〕からきている）にたやすく分けられる。海の生き物は、魚の見出しのもとにすべてまとめることができるであろう。しかし、そうしたからといって、一つの生き物がどの部類に当てはまるかをいうのは、いつも容易であるとは限らない。

　たとえば、アリストテレスはイルカを注意深く観察し、外観と習性は魚のようであるが、多くの重要な点でまったく魚らしくないことをはっきりさせた。イルカは肺をもち、空気呼吸をし、魚と違って水の中にもぐらせたままにしておくとおぼれてしまう。また、ふつうの魚のように冷血でなく、温血である。最も重要なのは、イルカは胎生である。これらすべての点で、イルカは陸上の毛のはえた温血動物に似ている。これらの類似点により、アリストテレスにはクジラ類（クジラのなかま、イルカのなかま、ゴトウクジラのなかま）は海の魚類よりも陸上の獣類の分類に入れる必要が十分にあるように思われた。この点で、アリストテレスは、彼の時代よりも二〇〇〇年も先に進んでいた。その理由は、古代と中世を通じて、クジラ類はずっと魚類のなかまに入れられていたからである。またアリストテレスは、うろこをもつ魚を硬骨をもつ魚と軟骨をもつ魚（サメのような）に分けたという点でも、まったく近代的であった。この考えも現代の見解と一致する。

動物の分類をし、それらを宇宙の残りのものと比べることによって、アリストテレスは、事物を複雑さのていどによって配列しようとする気持ちにかられた。彼は、自然界を人間へと段階的に進んでいくものとみなし人間を万物の頂点とした（人間がそう考えるのは当然であるが）。このように考えると、宇宙は四つの世界に分けることができる。すなわち、土・海・空気の生命のない世界、その上にある植物の世界、さらに高度な動物界、そして頂上にある人間界。生命のない世界は存在している。植物界は存在するだけでなく、繁殖する。動物界は存在と繁殖だけでなく、運動する。そして、人間は、存在し、繁殖し、運動するだけでなく、思考することができる。

その上、おのおのの世界にはさらに細かい分類がある。植物は単純なものと、より複雑なものとに分けられる。動物は赤い血をもつものと、もたぬものとに分けられる。赤い血をもたぬ動物を複雑さが増していく順序によって並べてみると、海綿動物、軟体動物、昆虫類、甲殻類、八腕類になる（アリストテレスによる）。赤い血をもつ動物はさらに高等で、魚類、爬虫類、鳥類、獣類がある。

アリストテレスは、この〝生命のはしご〟には、はっきりした境界がなく、個々の種がどの群にはいるかを正確に述べることは不可能であると認めていた。非常に簡単な植物は、生物のいかなる特性もそなえているとは考えにくいし、非常に簡単な動物（たとえば海綿動物）は植物に似ているなど。

アリストテレスは、生命の一つの形がゆっくりと他の形にかわるかもしれないという考えや、生命のはしごの高い位置にある生物が低い位置にある生物と系統的につながっているかもしれないというような考えの痕跡すらも、どこにも示していない。現代の進化説への鍵になっているのがこの考えであり、アリストテレスは進化論者ではなかった。しかし、生命のはしごをつくったということは、必然的に進化の概念を導く考えの口火となった。

アリストテレスは**動物学**の創始者であるが、彼の現在まで残っている著作から植物をかなり無視していたということができる。しかし、彼の死後、その学派の指導者となった弟子のテオフラストス（Theophrastus 紀元前三七二～前二八八年）は、師のこの欠陥をおぎなって、**植物学**の基礎をつくり、その著書の中で、約五〇〇種の植物を注意深く記載している。

アレクサンドリア

アレクサンダー大王および彼のペルシャ帝国征服以後、ギリシャ文化は地中海沿岸地方に急速に広がっていった。エジプトはプトレマイオス（アレクサンダーの将軍たちの一人の子孫）の支配下にあり、ギリシャ人は新しくつくられた首都アレクサンドリアに集まった。そこに、初代プトレマイオスは、博物館をつくり、維持した。この博物館は古代のものの中で現代の大学に最も近いものである。アレクサンドリアの学者たちは、数学・天文学・地理学・物理学の研究で有名である。アレクサンドリアの生物学は上の四つほど重要ではないが、それでも一流にランクされる少なくとも二人の名前がみられる。その二人はヘロフィルス（Herophilus 紀元前三〇〇年頃）と彼の弟子エラシストラトス（Erasistratus 紀元前二五〇年頃）である。

キリスト教が盛んになると、解剖学を教える方法として、公に人体を解剖することは非難された。人々はたぶんそれをしなかったらしいし、それは残念なことであった。ヘロフィルスは、脳に適切な注意をはらった最初の人である。彼は脳を知能の存在する場所と考えた（アルクマエオンとヒッポクラテスも同じようなことを信じていた。しかし、アリストテレスは彼らと違って、脳を血液を冷やす器官以上のものと考えなかった）。ヘロフィルスは、感覚神経（感覚を受けとる神経）と運動神経（筋肉の運動を引きおこす神経）とを区別することができた。また彼は、動脈と静脈を、前者が鼓動し後者が鼓動しないことに気がついて区別した。肝臓と脾臓、眼の網膜、小腸の最初の部分（今日〝十二指腸〟とよばれている）についても記載している。さらに、女子の卵巣およびそれと関連した器官、男子の前立腺についても述べている。エラシストラトスは、脳が〝大脳〟と〝小脳〟に区別されることを指摘した。彼は特に脳のしわのよったようす（〝回転〟）に気づき、そのしわは他の動物より人間に目立つことを知った。そのため、エラシストラトスは、しわと知能とを結びつけた。

このように有望なスタートをした後に、生物学のアレクサンドリア学派が行きづまってしまうのは残念に思われる。しかし、本当に行きづまってしまった。実際、すべてのギリシャの科学は紀元前二〇〇年頃に消失し始めた。四世紀の間繁栄したのに、うち続く戦争によって、ギリシャ人はエネルギーと繁栄とを使い果たしてしまった。彼らはまずマケドニア人に征服され、次にローマの支配下におかれた。しだいしだいに、彼らの学問的興味は、修辞学、倫理学、道徳哲学に向けられ、自然哲学すなわちイオニア人により始められた自然の合理主義的研究から離れていった。

生物学は特に被害が大きかった。なぜなら、生命のない宇宙よりも生命はより神聖なものであり、したがって合理主義的な研究にはより不適当な科目であると考えられたからである。人体解剖は多くの人により絶対的な悪であるとみなされ、ほとんど行われなかったし、もし行われてもまず世論により禁止され、ついで法により禁止された。ある場合には、解剖に対する反対意見は、肉体を傷つけないことが死後の生活で享楽するために必要であるという宗教的信条に由来していた（たとえばエジプト人によって）。ユダヤ人や、後のキリスト教徒たちにとっては、人体は神に似せて形づくられているので神聖なものである、という理由で、解剖は冒瀆(ぼうとく)行為であった。

ローマ

ローマが地中海沿岸の世界を支配していた何世紀かの間、生物学の発達は長い間停滞した。学者たちは過去に行われた発見を集め、保有することおよびそれらをローマの聴衆たちに普及することで満足していたようである。ケルスス（Aulus Cornelius Celsus 紀元三〇年頃）は、ギリシャ人の知識を一種の科学概論の中に集めた。彼の記した医学についての部分は残存し、近代初期のヨーロッパ人に読まれた。こうして、彼は彼が真にあるべき姿よりむしろ医師として有名になった。

ローマ人の征服によって領土が広がった結果、初期のギリシャ人には未知であった地域から、学者たちが動物や植物を集めることができるようになった。ローマの軍隊ではたらいたギリシャの医師ディオスコリデス（Dioscorides 紀元六〇年頃）は、テオフラストスを凌駕（りょうが）して、六〇〇種の植物を記載した。彼はそれらの植物の医薬上の性質に特に注意をはらったので、**薬学**（薬と医学に関する学問）の創設者と考えられている。

しかし、博物学においてさえ、百科事典主義が引き継がれていた。博物学で最も有名なローマ人は、プリニウス（Gaius Plinius Secundus 紀元二三～七九年、ふつうプリニ〔Pliny〕として知られている）である。彼は三七巻の百科事典を書き、その中で古代の著者たちが博物学で発見したすべてのことを集積した。それらのほとんど全部は他人の本からとってきたもので、プリニはつねにもっともらしいことと、ほんとうらしくないことを区別しなかったので、彼の資料はかなりの量の事実（おもにアリストテレスからのもの）を含んでいるが、迷信やほら（その他のものからとったもの）もふんだんに盛りこまれている。

さらにプリニは、合理主義の時代からの退却を代表している。彼は植物や動物のさまざまな種類を取り扱うさい、人間との関係でそのおのおのがいかなるはたらきをもつかに非常な関心をもった。彼の見解によれば、すべてのものはそれ自身のために存在するのではなく、人間の食物として、薬の原料として、あるいは人間の筋肉と性格を強めるようにつくられた障害物として、また（もしそれらのすべてが当てはまらない場合は）道徳的な教訓として存在する。このことは初期のキリスト教徒に共鳴された見解であり、彼の空想の本来の面白さも加わって、プリニの本が近代まで残存した事実を部分的に説明している。

古代の最後の真の生物学者は、小アジアに生まれ、ローマで開業したギリシャ人の医師ガレノス（Galen 紀元一三〇頃〜二〇〇年頃）である。彼は若いころ、剣士の闘技場の外科医であった。そして、このことが、疑いもなく彼に何回か粗雑な人体解剖を観察する機会を与えた。しかし、その時代は、大衆の邪道の娯楽のために、残酷な血なまぐさい剣闘競技をすることには何の反対もしなかったが、科学的な目的で死体を解剖することには依然として眉をひそめていた。ガレノスの解剖学の研究は、おもにイヌやヒツジや他の動物を解剖することによってなさねばならなかった。幸運にめぐまれたとき、彼はサルがどんな点で人間に似ているかを知る目的で、サルの解剖をした。

ガレノスは人体のいろいろな器官のはたらきについて多く書き、また詳細な説明を提出した。彼が人体そのものを研究する機会をうばわれていたことと、現代風の器具がなかったことが、彼の理論のほとんどが今日真実であるとされていることと違っている理由である。彼はキリスト教徒ではなかったが、強く唯一の神を信じていた。また、プリニと同じように彼もすべてのものは目的をもってつくられていると信じていたので、人体のいろいろな場所で神の仕事のあかしをみた。これは、盛んになりつつあったキリスト教的見解と一致し、後の時代でのガレノスの人気を説明する理由となった。

第二章　中世の生物学

暗黒時代

ローマ帝国の後期には、キリスト教は支配的な宗教になった。帝国（あるいはその西域）が侵入したゲルマン民族により占められたとき、彼らもまたキリスト教の信仰にかわった。

キリスト教がギリシャの科学をほろぼしたのではない。その理由は、キリスト教が目だたない宗派にすぎないときに、ギリシャの科学は滅亡しそうな状態にあった。実際、キリスト生誕以前にギリシャの科学はかなり重病のきざしを示していた。

それにもかかわらず、キリスト教の支配は、何世紀もの間、科学の復興に反対する方向にはたらいた。キリスト教の見解はイオニアの哲人たちとまったく反対であった。キリスト教の精神にとって重要な世界とは、感覚の世界ではなく、〝天国〟であった。天国には天啓によってのみ到達することができ、聖書と教会の神父の書いたものと教会の霊感が、唯一の確実な指針であった。

かわることがなく、またかえることもできない自然法則が存在するという考えは、この世ではつねにキリストのために神の奇跡が介入しやすいという考えに屈した。実際、ある人々は、世の中の事象を研究することは、キリスト教徒を、霊魂に対する正しい注意からそらせるためにもくろまれた恐ろしい策略であるとすら考えた。その立場からすれば、科学は邪悪なものになる。

もちろん、この考えは万人の見解ではなく、科学の光はいわゆる〝暗黒時代〟のくらやみの中で、かすかな輝きを保っていた。ときおりあらわれた学者たちが世の中の知識を守るためにたたかった。たとえば、イギリス人のベード（Bede 六七三～七三五年）は、古代人に関して彼が保存できることをのこした。しかし、彼がのこしたのは、おもにプリニの抜萃（ばっすい）であって、あまり進歩はなかった。

おそらく、事実上アラビア人がいなかったならば、科学の光は結局消えてしまったであろう。アラビア人は、キリスト教より新しい宗教で、七世紀にマホメットにより説かれたイスラム教を信仰していた。彼らはまず乾燥したアラビア半島からあふれ出て、西南アジアおよび北アフリカへ押し寄せた。マホメットの死後一世紀たった七三〇年頃には、イスラム教徒は東はコンスタンチノープルの端に、西はフランスの端に住んでいた。

軍事的にも、文化的にも、彼らイスラム教徒たちはキリスト教徒にとって危険な存在であったが、知的な面では長い目でみると恩恵であることがわかった。ローマ人と同様に、アラビア人自身は偉大な科学の創始者ではなかった。けれども、彼らはアリストテレスやガレノスのような人々の仕事を発見し、アラビア語に翻訳し、保存・研究し、それらの注釈を書いた。イスラム教徒の生物学者のなかで最も重要なのは、彼の名前の最後部のラテン語訳アビケンナ（Avicenna）によって一般に知られているペルシャの医師、イブン・シナ（abu-'Ali al-Ḥusayn ibn-Sīna 九八〇〜一〇三七年）である。アビケンナはヒッポクラテスの医学上の説と、ケルススの本の中に集められた事柄にもとづいて、数多くの本を書いた。

しかしながら、そのころ少なくとも西ヨーロッパにおいて形勢は一転した。キリスト教徒の軍隊は、二世紀の間イスラム教徒により支配されていたシシリー島をふたたび征服し、スペインをふたたび占領した。一一世紀の終わりごろ西ヨーロッパの軍隊は、近東を侵略し始めていた。その軍隊は十字軍とよばれる。

イスラム教徒と接触した結果、ヨーロッパ人は、敵の文化は単に悪魔のようなおそろしいものではなくて、本国における自分たちの生活様式よりもある点で進歩し、洗練されたものであることを認めるようになった。ヨーロッパ人の学者たちは、イスラム教徒の学問を探究し始め、繁栄した科学に関するアラビアの書物を翻訳しようとした。新たに再征服されたスペインでは、イスラム教徒の学者たちの援助をあてにすることができた。イタリアの学者、ジェラルド（Gerard of Cremona　一一一四～八七年）はスペインで研究しているとき、アリストテレスのいくつかの業績とともに、ヒッポクラテスおよびガレノスの仕事をラテン語に翻訳した。

ドイツ人の学者であるアルベルトゥス（Albertus Magnus　一一九三頃～一二八〇年）は、再発見されたアリストテレスに好意をもった人々の中の一人であった。彼の教えや著作は、ほとんど完全にアリストテレス学派のものであり、もう一度その上に多くのものを確立できるギリシャ科学の基礎を築くのを助けた。

アルベルトゥスの弟子の一人は、イタリアの学者トマス・アクイナス（Thomas Aquinas　一二二五～七四年頃）である。彼はアリストテレスの哲学とキリスト教の教義を調和させようと努力し、大体において成功した。アクイナスは、理性的な精神は宇宙の他のものと同じように神の創りたもうたものであり、人間は正しい理性によって、キリスト教の教えと対立するような結論に到達するはずがないと考えた点で、合理主義者であった。このように考えると、理性は邪悪でも、有害でもない。

こうして舞台は合理主義の復活の方向へ向かった。

ルネッサンス

イタリアでは、中世の終わりに、解剖がふたたび行われるようになった。解剖を行うことはまだ不評であったが、ボローニャに重要な法律学校があり、死因に関する法律上の疑問が死体の研究によって最もよく解決できたということがしばしばあった。一度正当であるとみとめられるようになると、医学教育に解剖を用いることは容易な段階になった（ボローニャとサレルノはともに、当時医学校によって注目された）。

解剖の復活は、生物学の新生面を直ちに開きはしなかった。まず最初の目的は、ガレノスとアビケンナの仕事を例証することであった。教師自身は書物を研究する学者で、実際の解剖は下役の手にまかせるべきいやしい仕事であると考えていた。教師は講義をしたが、彼が述べたことが事実と一致しているかどうかわかっていなかったようであり、一方下役（彼自身は学者ではない）はただ講義をつまずかせないように気をつかった。そのため、最もはなはだしい誤りがずっと続いた。そして、ガレノスが動物で発見し、人間にも存在すると想像した特徴を再三再四、人間において〝発見〟したが、実際には人間には存在しなかった。

この悲しむべき情況での一つの例外は、イタリアの解剖学者モンディーノ

(Mondino de' Luzzi　一二七五～一三二六年）であった。彼はボローニャの医学校で自分自身で解剖を行い、一三一六年、解剖学にまったく忠実な最初の本を書いた。これによって、彼は〝解剖学の再興者〟として知られている。しかし、それはいつわりのあけぼのであった。モンディーノは過去の誤りを完全に破る勇気をもたず、彼の記述のいくつかは、彼自身が目でみたのではなく、古い書物の中の資料にもとづいていたのにちがいない。さらに、彼の死後、下役による解剖がふたたび確立した。

しかしながら、科学の形式的な領分をはみ出すような生物学の研究への新しい気運がイタリアで生じつつあった。学問の復活の時期（ある部分は古代の書物の再発見を通して、またある部分はヨーロッパ文化自身の中に生じた自然発酵を通して）は〝ルネッサンス〟とよばれる。

ルネッサンスの間に、芸術における新しい自然主義がすみやかに成長した。芸術家たちは、絵画において三次元的な表現をするために、どのように透視画法を適用したらよいかを学んだ。一度それがなされると、すべての努力は芸術上の自然の模倣を改良することに向けられた。人間の姿をリアルにみせようとするためには（完全に良心的であるならば）、皮膚の輪郭のみでなく、皮膚の下の筋肉、筋肉と腱の輪郭や骨格の配列すらも研究しなければならなかった。したがって、芸術家はアマチュアの解剖学者になるほかはなかった。

おそらく、芸術家・解剖学者の中で最も有名なのはイタリア人、レオナルド・ダ・ヴィンチ（Leonardo da Vinci 一四五二～一五一九年）であろう。彼は、人間と動物の両方を解剖した。レオナルドは、自分自身で発見したことを第一級の技量の絵で図解できるという点で、ふつうの解剖学者より有利であった。彼は骨と関節の配列のしかたを研究（図解）し、そうすることによって、ヒトとウマの足が、骨の配列が外見上の差にかかわらずいかに類似しているかを正確に指摘した最初の人となった。これは〝相同〟の例であり、相同ということは外見上多様にみえる多くの動物を密接に関連した群に結びつけ、進化説の土台を築く助けとなった。

レオナルドは、目と心臓のはたらきのようすを研究し、図解し、また植物の生活も同様に描写した。彼は人間の飛行を可能にする機械を発明するという可能性に興味をもっていたので、飛んでいる鳥の絵を描いて、非常に注意深く研究した。しかも、これらすべてを符号を用いてノートに記録した。彼と同時代の人は彼の研究に気がつかず、近代になってやっと彼の研究が知られるようになった。それゆえ、彼は科学の進歩に影響をおよぼさなかったし、彼が自分本位の知識の蓄積を行ったという点で、非難されるべきである。

解剖学がゆっくり復活したように、博物学もまた復活してきた。一五世紀はヨーロッパにおける〝探検時代〟の始まりであった。ヨーロッパの船はアフリカの海岸を巡航してインドおよびそれより遠くの島々に到達し、アメリカ大陸を発見した。マケドニア人とローマ人の征服後、以前のように植物や動物の新しい未知な種は学者たちの好奇心をよびおこした。

イタリアの植物学者、アルピニ（Prospero Alpini 一五五三〜一六一七年）は、エジプトのカイロに住むヴェネチア人の執政官に医師としてつかえていた。そこで彼はナツメヤシを研究し、それに雄と雌が存在することを書きとめた。テオフラストスはこのことを約二〇〇〇年前に気がついていたが、その事実は忘れられ、植物は性がないものと信じられていた。また、アルピニはコーヒーの木について記載した最初のヨーロッパ人である。ルネッサンスの博物学は、スイスの博物学者ゲスナー（Konrad von Gesner 一五一六〜六五年）によって、最も口達者な発達をとげた。彼は、多方面に興味をもつこと、万物に好奇心をもつこと、だまされやすいこと、単に古い書物からの抜萃を多く集めることが一般的な学問の方法であると考えていることにおいて、プリニにたいへんよく似ていた。実際、彼はしばしば〝ドイツのプリニ〟とよばれている。

過渡期

一五〇〇年代の初期の二、三十年まで、ヨーロッパは暗黒時代から元へもどろうと激動し、ギリシャの生物学（そして、実際にはギリシャ科学一般）の限界に到達した。しかし、ヨーロッパの学者たちがギリシャの本は単に始まりであるということを悟らない限り、その運動はそれ以上進展できなかった。そして、それらはひとたびマスターされたら捨て去られるべきであった。また、それらが心のかせになるまで、保存され、あがめられるべきではなかった。モンディーノの仕事は、古代人から脱出し、それ以上に進むことがいかに困難であったかを示している。

おそらく、古代を打ち破って近代への生き生きとした移りかわりに貢献するには、半分無謀なうぬぼれが必要であったであろう。このようなことをした一人は、ホーエンハイム（Theophrastus Bombastus von Hohenheim 一四九三～一五四一年）という名のスイスの医師であった。彼の父は彼に医学を教え、彼自身も歩きまわる足と感受性に富んだ心とをもっていた。彼は、旅行をすることで、外出ぎらいの同僚たちには知られていなかった非常に多くの薬を見つけ、驚くべき博学の医師になった。

彼は錬金術に興味をもった。錬金術は、アレクサンドリアのギリシャ人からアラブ人が聞き知り、さらにアラブ人からヨーロッパ人が聞き知った。ふつうの錬金術師は（極度のペテン師でなければ）現代の化学者と同じであったが、錬金術師の二つの最も驚くべき目標は――少なくとも錬金術の方法によっては――決して成就できない、えたいの知れないものであった。

錬金術師たちは、まず、鉛のような劣等の金属を金にかえる方法をみつけようと試みた。次に、彼らはふつう〝賢者の石〟――ある人たちによって金属を金にかえる媒質になると考えられた乾燥物質、そして他の人たちには、万能の治療薬で不死への手がかりとなる不老長寿の薬と考えられた乾燥物質――として知られた物質を探した。

ホーエンハイムは金をつくろうとすることに重点をおかなかった。彼は錬金術師の真のはたらきは病気の治療の点で医師を助けることであると信じていた。そのため、彼は彼が発見したと主張していた賢者の石に専念した（その結果、彼はいつまでも生きるだろうと断言してはばからなかったが、悲しいかな、事故によって五〇歳にならないうちに死んでしまった）。ホーエンハイムは錬金術を学んだので、治療薬を鉱物原料に求めようとした。――鉱物は錬金術師の商売上の原料だった――そして、古代人が用いた植物性の薬を軽蔑（けいべつ）した。彼は古代人に対して猛然と悪口をいった。ケルススの研究はちょうど翻訳され、ヨーロッパの医師たちの聖書になったが、ホーエンハイムは〝パラケルスス〟（〝ケルススよりもよい〟）と自称した。彼が後世に知られたのは、そのうぬぼれの強い名前によってである。

パラケルススは一五二七年、バーゼルに住んでいた町医者であった。彼は自分の意見を可能な限り公然と表明し、町かどの広場でガレノスとアビケンナの本のうつしを焼いた。その結果、医者の中の保守派は彼をバーゼルから巧みに追い出したが、彼は自分の意見をかえなかった。パラケルススはギリシャの科学、あるいはギリシャの生物ですら、破壊しはしなかったが、彼の攻撃は学者たちの注意をひいた。彼自身の理論は彼が猛然とののしったギリシャの理論と比べてたいしてよくはなかったが、偶像破壊が必要であり、そのこと自身が価値のある時代であった。彼が古代人に対して示した激しい不敬のことばは、正統派の考えの支柱をゆさぶらないではなかった。そしてギリシャ科学はもうしばらくの間ヨーロッパ人の心をしめつけてはいたが、やがてそのしめつけは目にみえて弱まった。

第三章　現代生物学の誕生

新しい解剖学

〝科学革命〟の始まりとして、ふつうに考えられている年は一五四三年である。その年に、ポーランドの天文学者、コペルニクス（Nicolaus Copernicus　一四七三～一五四三年）は、太陽系に関する新しい考え方を述べた本を出版した。その本は、太陽が中心にあり、地球は他の惑星と同様に、軌道の上を動く惑星であるというものであった。この新しい考え方が勝利するまでになお一世紀の困難な闘いが残っていたが、コペルニクスの考えは宇宙に関しての古いギリシャの考え方の終末をつげる最初のものであった（ギリシャの考え方では、地球が中心である）。

同じ一五四三年に、第二の本が出版された。物理学においてコペルニクスの本がそうであったように、この本は生物学にとって革命的なものであった。De Corporis Humani Fabrica（『人体の構造について』）というのがその第二の本で、著者はベサリウス（Andreas Vesalius　一五一四～六四年）という名前のベルギーの解剖学者であった。

ベサリウスは、ガレノスの厳格な伝統のもとで、ネーデルランド地方で教育された。彼はガレノスにつねに最大の尊敬をはらいつづけた。しかし、彼の教育が完成するとすぐイタリアに旅行し、そこでより自由な知的な雰囲気にひたった。彼は、自分自身で解剖をするというモンディーノの古い習慣を再導入し、彼の目でみたものが古いギリシャの考え方と一致しないときは、それに影響されようとはしなかった。

彼の観察の結果として彼が出版した本は、それまでにあった本と比べて、人体解剖についての最初の正確な本であった。その本は、それ以前のものより二つの点でたいへん有利であった。まず第一に、その本は印刷術が発明され使われ始めた時代に出版されたので、何千というううつしがヨーロッパ中に広く散布された。第二に、それにはさし絵があった。これらのさし絵は非常に美しく、その多くが画家チチアンの弟子のカルカア（Jan Stevenzoon van Calcar 一四九九頃〜一五四六年）によって描かれていた。人体は自然の位置で示され、筋肉のさし絵は特にすぐれていた。

この本を書いた後のベサリウスの生活は不幸なものであった。彼の見解はある人たちにとっては異端であるように思えたし、たしかに彼の本によっておおっぴらに示された公然とした解剖は不法のものであった。彼は聖地への巡礼を強制され、その帰途難船によって死んだ。

しかしながら生物学におけるベサリウスの革命は、天文学におけるコペルニクスの革命よりももっと直接的な効果をもった。ベサリウスの本に述べられていることは、宇宙空間を地球が運動するということほどに信じられない（外観的に）ことではなかった。むしろ、それには魅力的な方法で、自分自身をみようと努力するならばだれでもみることができるような（それがどんなに古代の権威に反していようとも）器官の形と配列を示してあった。

ギリシャの解剖学はすたれてしまい、新しいイタリアの解剖学が栄えた。ファロッピオ（Gabriello Fallopio）、またはファロピウス（Gabriel Fallopius　一五二三～六二年）[1]は、ベサリウスの弟子であり、新しい伝統をもたらした人である。彼は生殖系を研究し、卵巣から子宮へ続く管を記載した。これは、今でも〝ファロピウス管〟とよばれている。

もう一人のイタリアの解剖学者、エウスタキオ（Bartolommeo Eustachio）またはエウスタキウス（Eustachius　一五二〇頃～七四年頃）はベサリウスの反対者であり、ガレノスの支持者であったが、彼もまた人体を観察し、自分がみたものを記載した。彼は耳からのどへ伸びているアルクマエオンの管を再発見した。この管は、現在

〝エウスタキオ管〟とよばれている。

解剖学で新しい見方が生じたことは、生物学の他の分野にも広がっていった。医師の手腕に対するヒッポクラテスの考えは、後世では粗雑な治療法にかわってしまった。実際、たいへんにぞんざいになって、近世初期においては、外科手術は医師の仕事ではなく、床屋の仕事と考えられた。そして、毛と同じように肉を切った。おそらく、床屋外科医たち（barber-surgeons）は理論に弱かったので、彼らは非常に激しい手段に頼った。銃創は熱した油で消毒され、出血は赤熱した鉄で血管のはしを焦がすことで止められた。

フランスの外科医、パレ（Ambroise Paré 一五一〇頃〜九〇年）はこれをかえるのに役立った。彼は初めは床屋の見習いで、床屋外科医として軍隊に加わり、めざましい新機軸を打ち出した。銃創にやわらかい軟膏（室温で）を用い、動脈をしばって出血を止めた。初めの苦痛を最小限に減らすことによって、彼ははるかに高い治療効果をあげた。それによって、彼はときどき〝現代外科学の父〟とよばれる。

パレは、また巧妙な義足を考案し、産科の方法を改良し、ラテン語を読めない他の床屋外科医たちがでたらめに切りきざむ前に、人体の構造についてのいくつかの事実を知ることができるようにと、ベサリウスの仕事の要約をフランス語で書いた。

そしてまもなく、解剖学者たちが教壇からおりて、自身で解剖をしなければならなかったように、医師たちは彼らがいだいていた手術に対する学問的な軽侮感をすて、手術をするようになった。

血液の循環

解剖学の主題であるからだの各部分の外観と配列の問題よりもっと複雑なのは、それらの部分のふつうのはたらきを研究することである。それは**生理学**である。ギリシャ人は生理学ではほとんど進歩がなかったし、彼らの結論の大部分は間違っていた。特に、心臓のはたらきに関して誤っていた。

心臓は明らかにポンプであり、血液を噴出させる。しかし、血液はどこからきて、どこへ行くのであろうか。初期のギリシャの医師たちは、静脈を唯一の血管であると考えるという最初の誤りをおかした。動脈は死体ではふつう空(から)になっている。そのため、動脈は空気の管であると考えられた（"artery"―動脈という語自体が、〃空気の管〃という意味のギリシャ語に由来している）。

しかし、ヘロフィルスは動脈も静脈も血液を運ぶことを示した。両方の血管はいずれも心臓とつながっている。もし、心臓から離れた末端で静脈と動脈の間に何らかのつながりがみつけられたならば、この問題は手ぎわよく解決されたであろう。ところが、最も注意深く行われた解剖学的研究は、動脈も静脈も細かく細かく枝分かれし、しまいにはその分枝がみえなくなってしまうことを示した。両者の間に何のつながりも見出すことはできなかった。

それゆえ、ガレノスは血液が心臓の右半分から左半分へ通ることによって、一方の管から他方の管へと動くと提案した。彼は、心臓を横切って血液が通るために、心臓の右と左を分けている厚い筋肉性の仕切りに小さい穴があるに違いないと主張した。これらの穴は決して発見されなかったが、ガレノスの後一七世紀の間、医師たちと解剖学者たちはそれらが存在すると仮定した（ガレノスがそういったという理由で）。

新しい時代のイタリアの解剖学者たちはあけすけな反抗をあえてしなかったが、そうではないかもしれないと考え始めていた。たとえば、ファブリッツィ（Hieronymus Fabrizzi）あるいはファブリキウス（Fabricius 一五三三〜一六一九年）は、大静脈に弁があることを発見した。彼はそれを正確に記載し、どのようにはたらくかを示した。弁は、血液が障害なしにそれを越えて心臓のほうへ流れることができるように配列されていた。しかし、血液は弁につかまり、邪魔されずに心臓から逆流することはできない。

この事実からの最も簡単な結論は、静脈中の血液は一方向、つまり心臓の方向へのみ動きうるということであろう。しかし、これはガレノスの往復運動の考えと相いれなかった。そして、ファブリキウスは、弁が逆流をおくらせる（止めるというよりも）と提案するにとどめてしまった。

しかし、ファブリキウスは、厳格な性質の持ち主であるハーヴィ（William Harvey 一五七八～一六五七年）という名のイギリス人の弟子をもっていた。彼はイギリスへ帰ってから心臓を研究し（彼以前の何人かの解剖学者たちのように）、そこには一方通行の弁があるということに気がついた。血液は静脈から心臓にはいることができるが、弁が血液の静脈への逆流をさまたげている。また、血液は動脈を通って心臓から出ていくことができるが、別の一方通行の弁によって心臓へもどってくることはできない。ハーヴィが動脈をしばってみると心臓に近い側が血液でふくらみ、静脈をしばると心臓と反対側が血液でふくらんだ。

すべてのことが、血液はひいたり満ちたりすることはなく、連続して一方向へ動くことを示している。血液は静脈から心臓へ流れこみ、心臓から動脈へ流れ出す。それは決して逆流しない。

ハーヴィは、さらに心臓が一時間に人間の体重の三倍の血液をおし出すと計算した。血液がそのような割合でつくられ、破壊されるとはとても考えられない。それゆえ、動脈の中の血液は心臓以外のどこかの場所で、細すぎて目にみえない血管のつながりを通って静脈にもどらなければならない（そのような目にみえない血管は、ガレノスの考えた心臓の筋肉にあいているみえない穴よりましであった）。一度そのような連結した管が仮定されると、心臓が同じ血液を繰り返し繰り返しポンプで送り出すと考えるのはたやすいことであった。——静脈／心臓／動脈／静脈／心臓／動脈／静脈／心臓／動脈……このように考えると、一時間に人間の体重の三倍の血液を心臓が送り出すことができるのは驚くことではない。

一六二八年に、ハーヴィはこの結論とそれを裏づける証拠とを、わずか七二ページの小さな本として出版した。それはオランダで印刷され（誤植だらけであったが）、De Motu Cordis et Sanguinus（『心臓と血液の動きについて』）という題がつけられた。小型で貧弱な外観であったにもかかわらず、その本は完全に時代に合った革命的な本であった。

この時代は、イタリアの科学者ガリレオ・ガリレイ（Galileo Galilei 一五六四〜一六四二年）が科学における実験的方法を普及させ、そうすることによって、物理学におけるアリストテレスの体系を完全に破壊した二、三十年間にあたる。ハーヴィの研究は生物学へ新しい実験科学を最初に適用したもので、それにより生理学でのガレノスの体系を破壊し、近代生理学を確立した（ハーヴィが心臓から送り出される血液量を計算したのは、生物学へ数学を適用した最初で重要な例である）。

昔ながらの医学校は、ハーヴィを激しくののしったが、事実に対してはどうしようもなかった。ハーヴィの時代には、動脈と静脈をつないでいる管はみつからなかったが、血液が循環するという事実は、しだいに生物学者にみとめられていった。ヨーロッパは、このようにはっきりと歩を進め、ギリシャの生物学の限界を越えた。

ハーヴィの新しい理論は、生命についての二つの対立する見方の論戦を開かせた。この論戦は近世の生物学の歴史をうずめ、今もって完全にはおさまっていない。

生命についての一方の見解によれば、生物は生命のない物質とは本質的に異なっているので、無生物の研究から生命の特性を学ぶことはできないということである。一言でいえば、この考えは自然の法則に二種類あり、一つは生物を律し、もう一つは無生物を律するという考え方である。これは〝生気論者〟の見解である。

他の一つの見方では、生命は高度に特殊化しているが、それほど複雑に組織化されていない生命のない宇宙の系と、根本的には違いはないとみている。十分な時間が与えられ十分な努力がなされれば、生命のない宇宙の研究は、生物について理解するのに十分な知識を与えるであろう。そして、この見方によれば、生物は信じられないほど複雑な機械にすぎないことになる。これは〝機械論者〟の見方である。
ハーヴィの発見は、当然、機械論者の見解に有利であった。心臓はポンプとみなすことができ、血液の流れは生命のない液体の流れが動くと同じように動いた。もしこれが事実ならば、どこで人はとまるだろうか。生物の残りの部分も単に複雑に組み合わさった機械的な系にすぎないのではなかろうか。その時代の最も偉大な哲学者、フランス人のデカルト（René Descartes　一五九六～一六五〇年）は、からだを機械装置とみなす考え方に引きつけられた。

少なくとも人間の場合には、そのような考え方は、当時一般に受け入れられていた考え方に反して危険であった。デカルトは、人体の機械は精神と霊魂を含まず、ただ動物に似た物理的構造のみをさすものであると用心深く指摘した。精神と霊魂に関しては、彼は生気論者にとどまっていた。デカルトは、からだと精神・霊魂との相互連絡は、脳からたれ下がった小さな組織の小片である〝松果腺（しょうかせん）〟を通して行われると提唱した。彼は、人間のみが松果腺をもつという誤った予断によって、この考えをもった。これはすぐ事実でないことがわかった。実際、ある下等な爬虫（はちゅう）類は人間よりもはるかに松果腺が発達している。

デカルトの理論は、細かい点で間違っていたが、非常に影響があった。また、非常に細かい点まで機械論者の見解をつくりあげようと試みた生理学者たちがいた。イタリアの生理学者であるボレリ（Giovanni Alfonso Borelli 一六〇八〜七九年）は、彼の死後一年目に出された本の中で、てこの系として、筋肉と骨の組み合わせを取り扱い、それによって筋肉のはたらきを解析した。これは有益であることが立証され、木でつくられたてこに当てはまる法則が、骨と筋肉でつくられたてこに正確に当てはまることも立証された。ボレリは同様の機械的な原理を、肺や胃のような他の器官に適用しようとしたが、うまくいかなかった。

生化学の始まり

いうまでもなく、からだを機械としてみるとき、単にてこと歯車からできていると考える必要はない。構成成分が純粋に物理的に組み合わさっていると考えるよりも、他の研究の進め方がある。たとえば、化学反応がその例である。ハンマーと針で金属に穴をあけることもできるが、酸によって穴をあけることもできる。

生物についての最初の化学的実験はフランダースの錬金術師ヘルモント（Jan Baptista van Helmont 一五七七〜一六四四年）によりなされた。彼はハーヴィと同時代の人である。ヘルモントはあらかじめ重さを測っておいた土でヤナギを育てた。水だけを与え、五年後にヤナギは七四キログラム増量し、しかも土は五七グラムしか減らないことを示した。このことから、彼は木はその成長のもとになる物質を土からではなく（これは正しい）、水からとっている（少なくとも部分的には間違ってる）と結論した。不幸にも、ヘルモントは空気を計算に入れていなかった。そしてこれは皮肉なことである。というのは、彼は空気のような物質を最初に研究した人であるからである。彼は“gas”（気体）ということばをつくり出し、彼が“spiritus sylvestris”（〝木の精〟）と名づけた蒸気を発見した。この物質は後に、植物の生育のおもな原料となっている、われわれが二酸化炭素とよぶ気体であることがわかった。

生物についての化学（現在われわれはそれを**生化学**とよんでいる）のヘルモントの最初の研究は、他人の手により発展し、育てられた。初期のころの熱狂した人は、デ・ラ・ボエ（Franz de la Boë 一六一四～七二年）で、彼はふつうそのラテン名であるシルヴィウス（Franciscus Sylvius）で知られている。からだはすべて化学的装置であるという考えを彼は極端に主張した。たとえば、消化は化学反応であり、そのはたらきは発酵のさいにおこる化学変化にすごく似ていると考えた。この点では、彼は正しかったことがわかった。

彼はまた、からだの健康はその化学成分が適当に平衡を保つことに依存していると考えた。この点もいくぶんの真理が含まれているが、シルヴィウスの時代の知識のていどは、生化学のいとぐち以上に進むにはあまりにも素朴でありすぎた。シルヴィウスが考えることができたのは、病気は酸が多すぎるか少なすぎるかによっておこるというだけのものであった。

顕微鏡

血液循環に関するハーヴィの説の最大の弱点は、彼が動脈と静脈が実際につながっていることを示すことができなかったことであった。彼は単に、連絡はあるが小さすぎてみえないと推定しただけであった。ハーヴィの死後もこの問題は未解決で、もし人類が肉眼にたよることに固執していたら、ずっとそのままであったかもしれなかった。しかし幸いなことに、そうはならなかった。

古代の人でさえ、曲がった鏡や内部を水でみたされたガラス球が、ものを拡大する効果をもつように思われることを知っていた。一七世紀の初めに、拡大率をできるだけ増加させるためにレンズを用いる実験が始まった。人々は、他のレンズを用いた器具である望遠鏡の偉大な成功によってふるいたった。望遠鏡は一六〇九年にガリレオによって初めて天文学に用いられた。

しだいに、ものを拡大する装置、つまり顕微鏡（その名は〝小さいものをみる〟という意味のギリシャ語に由来している）が使われるようになった。最初に、生物科学の領域がこの装置により広がった。顕微鏡は、人間の視覚の限界を超えさせた。博物学者はそれなしでは不可能だった小動物の細かい点を記載することができるようになり、解剖学者はそれなしではみることができなかった構造を発見することができるようになった。

オランダの博物学者スワンメルダム（Jan Swammerdam 一六三七〜八〇年）は、顕微鏡下で昆虫類を観察し、それらの解剖上の構造の細かい点をきれいに描いた。彼はまた血液が肉眼でみえるような一様に赤い液体ではなく、赤い色をした無数の小さい物体を含んでいることを発見した（今日、それらは赤血球として知られている）。イギリスの植物学者グルー（Nehemiah Grew 一六四一〜一七一二年）は、顕微鏡下で植物、特にその生殖器官を研究した。彼はそこでつくられる花粉粒について記載している。オランダの解剖学者グラーフ（Regnier de Graaf 一六四一〜七三年）は、動物について同様な研究をした。彼は精巣と卵巣の微細構造を研究し、今日でも〝グラーフ濾胞（ろほう）〟とよばれている卵巣のある小さな構造を記載した。

これらの発見の中で何よりも劇的なのは、イタリアの生理学者マルピーギ(Marcello Malpighi 一六二八〜九四年)のなした発見であった。彼もまた植物と昆虫を研究したが、初期の仕事の中にカエルの肺の研究がある。ここで、彼はみえないほど小さい血管の複雑な網をみつけた。それらの小血管はいたるところで連絡していた。さらに、彼はそれらの細かな血管をそのつながりにそってより大きな血管へとたどっていった。すると、その大きな血管は一方向では静脈であり、他の一つの方向では動脈であった。

したがって、動脈と静脈とはハーヴィが仮定したように肉眼ではみえないほど小さい血管の網目で実際につながっていた。これらの顕微鏡的な血管は〝毛管〟("capillaries")と名づけられた(〝毛状〟という意味のラテン語に由来し、実際それらは毛髪よりはるかに細い)。この発見はハーヴィの死後四年たった一六六一年に初めて報告され、血液循環の説は完成した。

しかし、顕微鏡を実際に有名にしたのは、マルピーギではなく、オランダの商人、レーウェンフック(Anton van Leeuwenhoek 一六三二〜一七二三年)である。彼にとって顕微鏡は単なる趣味であったが、それにまったく夢中になってしまった。マルピーギを含めて、初期の顕微鏡家たちは、いく枚かのレンズの組み合わせを用いた。それらは正しい位置におかれれば、一枚のレンズだけよりも大きな拡大像を得ることができる。しかしながら、彼らが用いたレンズは、表面がでこぼこで、内部に傷がある不完全なものであった。あまりに大きく拡大しようとすると、細かいところがぼけてしまった。

一方、レーウェンフックは、無傷のガラス片を十分つくれるほど小さい一枚のレンズを用いた。彼はそれを細心の注意をはらって、二〇〇倍以上のはっきりした拡大像が得られる位置にすえつけた。そのレンズは、ある場合には、ピンの頭より大きくはなかったが、レーウェンフックの目的を果たすのに十分役立った。

彼は、彼のつくったレンズを通して、いろいろなものを観察し、赤血球と毛管を、それらの発見者であるスワンメルダムやマルピーギよりもはるかに正確で詳細に記載することができた。レーウェンフックはオタマジャクシの尾の毛管の中で、血液が動いているのを実際にみた。つまり、ハーヴィの説を実際の動きに照らして、現実に観察したわけである。彼の助手の一人は、男性の精液の中の小さなオタマジャクシ状のものである精子を最初に観察した。

しかし、最もめざましいのは、彼が彼のつくったレンズを用いて、よどんだ溝の水を観察し、微小な生物を発見したことである。それらは肉眼ではみえず、しかも生物のすべての特性をもっているように思われた。これらの〝小動物〟（“animalcules”と彼が名づけた）は、現在では〝最初の動物〟という意味のギリシャ語に由来した〝原生動物〟（protozoa）という名で知られている。こうして、肉眼ではみえないほど小さい物が存在するばかりでなく、そのような**生き物**もまた存在することが明らかになってきた。広い新しい生物学の領域が、人々の驚きのまなざしの前に広げられた。そして、**微生物学**（肉眼では小さくてみえない生物の学問）が生まれた。

一六八三年、レーウェンフックは、原生動物よりも相当小さい生物をちらっとみた。当然、彼の記載はぼんやりしているが、彼が、後に〝バクテリア〟として知られるようになった生物を初めてみたことは、かなり確かなようである。

レーウェンフックの仕事に少なくとも未来での重要性という点で匹敵するその時代の唯一のものは、イギリスの科学者フック（Robert Hooke　一六三五〜一七〇三年）の発見であった。彼は顕微鏡に魅せられ、初期の研究の中で最上級のものであるいくつかを行った。一六六五年に『ミクログラフィア』（Micrographia）という本を書いた。その中には、それまでになされた顕微鏡観察の中で最も美しい図がのっている。最も重要な一つの観察は、コルクのうすい切片についてのものである。フックは、それが小さな長方形の小室からなる美しい模様でできていることに気づいた。彼はこれらに、小さな室に対する俗語である〝Cell〟(細胞)という名をつけた。そして、後の時代に、この発見は大きな影響を与えた。

顕微鏡の使用は、一八世紀にはおとろえた。そのおもな原因は、顕微鏡の有効性の限界に達したためである。レーウェンフックの最初の観察後一〇〇年近くたった一七七三年になって、デンマークの顕微鏡学者ミュラー(Otto Friedrich Müller 一七三〇〜八四年)は、初めて種々の型のバクテリアの形と外観を十分に記載できるような観察をすることができた。

初期の顕微鏡の欠点の一つは、レンズが白色光をその成分の色に分解してしまうことであった。小さな対象物は色の輪に囲まれてしまい(〝色収差〟)、微細な部分がわからなくなってしまった。しかし、一八二〇年頃そのような色の輪をつくらない〝色消し顕微鏡〟(〝achromatic microscopes〟)がつくられた。それによって、一九世紀の間に、顕微鏡は生物学の進歩における新しい分野への道を開くことができた。

(1) ラテン語が学問のことばであり、多くの学者がその本名をラテン語風に変化させて使っていた時代であった。

第四章　生物の分類

自然発生

一七世紀の中ごろ、顕微鏡によってなされたいろいろな発見は、生物と無生物の違いをぼやかすようにみえた。それは、まさに解決しようとしていたかに思われていた問題を再燃させた。その問題というのは、生命の起源、あるいは少なくとも、生命のより単純な形の起源ということである。

人間や大きい動物は、その母親のからだ、あるいは母親が生んだ卵からのみ生じるということを知るのはたやすいことであったが、もっと小さな動物の場合にはそれほどはっきりしなかった。ウジのような虫や昆虫が、腐った肉や他の腐敗物から発生するということは、近世までは考えられていた。そのような無生物から生物が生じることは、〝自然発生〟とよばれた。

自然発生がある証拠として提出された有名な例は、腐った肉にウジがわくということであった。これらの小さい虫のような生き物が生命のない肉からつくられるということは明白であるように思われ、ほとんどすべての生物学者はこの考えを受け入れていた。しかし、少数の例外の一人はハーヴィで、彼は血液の循環に関する本の中で、おそらくそのような小さい生物も、非常に小さくて目にはみえない種子あるいは卵から生じたのであろうと推測した（これは、非常に小さくて目にはみえない血管の存在を仮定することを余儀なくされていた生物学者にとっては、容易なことであった）。

イタリアの医師、レーディ（Francesco Redi 一六二六〜九七年）は、ハーヴィの本を読んで感銘しそのことを調べようと決心した。一六六八年、彼はいろいろな種類の肉を入れた八本のフラスコを用意した。四本は密閉し、四本は空気中で開けたままにしておいた。ハエは開いた容器の中の肉の上にだけとまり、そのような容器の中の肉にだけウジがわいた。密閉した容器の中の肉は腐って、悪臭を放ったが、ウジはわかなかった。レーディは次に完全に密閉した容器ではなく、ガーゼで容器をおおって実験してみた。この方法では、空気は肉に自由にかようが、ハエはとまることができない。このときもまた、ウジはわかなかった。

ウジは肉からではなく、ハエの卵から発生したようにみえた。この時点で、生物学上の考えは自然発生の概念からまったく方向をかえてしまう可能性があった。しかし、レーディの実験の効果は同時代のレーウェンフックの原生動物の発見によって弱められた。やはり、ハエとウジは人間と比べると簡単ではあるが、なおかなり複雑な生物である。原生動物はそれ自身ハエの卵より大きくない。たとえ同じ大きさであったにしても、ずっと簡単な生物である。たしかに、それらは自然発生によってつくることができた。その考えは、原生動物を含んでいない栄養分の抽出物をそのままにしておくと、まもなく多数の小さい生物があらわれてくるという事実によって支持されたように思われた。自然発生の問題はより広く論じられるようになり、一八世紀および一九世紀における生気論者対機械論者の新しい激しい議論になってしまった。

生気論者の原理は、ドイツの医師、シュタール（Georg Ernst Stahl　一六六〇～一七三四年）によって明白に述べられた。シュタールは、〝フロジストン〟（燃素）についての学説で最も有名である。彼が物質の中に存在すると考えたフロジストンは、木のようなものを燃やすことができ、鉄のようなものをさびさせることができる。木が燃えたり、鉄がさびたりしたとき、フロジストン（シュタールのいった）は空気中に放たれる。さびた金属が重くなるという事実を説明するために、ある化学者たちはフロジストンが負の重さをもつことを示唆した。それゆえ、それが失われると金属は重くなる。この説は化学者たちに非常に魅力的であることがわかった。そして、一八世紀中、大部分の化学者がこの考えをみとめていた。

しかし、シュタールの多くの著作の中で、生理学的に重要な見解は、一七〇七年に出版された医学に関する本の中にある。彼はきっぱりと、生物は物理的法則ではない、まったく別な型の法則に支配されると述べている。無生物界の化学と物理学の研究を通しての彼の見解には、生物学に関してほとんど学ぶべきものがない。彼に反対したのが、オランダの医師、ブールハーフェ（Hermann Boerhaave 一六六八〜一七三八年）である。彼は当時最も有名な医師であった（しばしば、〝オランダのヒッポクラテス〟とよばれた）。医学に関する自身の本の中で、彼は人間のからだを詳細に論じ、すべての活動がどのように物理学と化学の法則にしたがうかを示そうとした――それは機械論者の見解である。

同じ法則が生物界と無生物界の両方を支配しているという考えをもつ機械論者たちにとって、微生物は特に重要であった。それらは、生命のあるものと生命のないものとの間のかけ橋のように思われた。もし、そのような微生物が、死んだ物質から実際に生じることを示すことができれば、その橋は完全なものとなり、そして容易に渡れるであろう。

同じことをいう場合、生気論者の見解では、もしそれが正しければ、生物はどんなに簡単であっても、それと無生物との間にはなお橋渡しのできない深淵がなければならぬことを要求するであろう。厳密な生気論者の見解によれば、自然発生は可能ではないであろう。

しかし一八世紀には、機械論者も生気論者もそれぞれ自然発生に賛成も反対もしなかった。というのは、宗教的な考えも一役かっていたからである。聖書にはある個所に自然発生が記されているので、多くの生気論者（彼らは一般に宗教に関してより保守的であった）は、無生物から生命が生じてくるという信念にもどるべきであると感じていたらしい。

たとえば、一七四八年、カトリックの司祭であったイギリスの博物学者、ニーダム（John Turberville Needham 一七一三～八一年）は、ヒツジの肉汁を煮て、それをコルク栓をした試験管に入れた。数日後肉汁は微生物で充満していた。ニーダムは初めに熱したことで肉汁は滅菌されたと仮定したので、彼は、微生物は死んだ物質から生じ、少なくとも微生物については、自然発生が証明されたと結論した。

この点について疑った一人は、イタリアの生物学者、スパランツァーニ（Lazzaro Spallanzani 一七二九～九九年）である。彼は、加熱の時間が不十分で、最初は肉汁は滅菌されなかったと考えた。それゆえ、一七六八年、栄養に富んだ液を用意し、煮沸し、次にふたたび三五分から四五分煮沸した。それをフラスコの中に密閉したときにのみ、微生物は生じなかった。

これは決定的に思われたが、自然発生の信者たちは別の解釈をした。彼らは、空気中に、〝生命のもと〟、つまり、知覚できず、知られてもいない何物かがあり、そのものが無生物に生きていく能力を与えることができるのだと主張した。彼らは、スパランツァーニが行った煮沸は、生命のもとをこわした、と主張した。ほとんど次の世紀まで、この論点は疑問のままで残された。

種を配列すること

自然発生に関する論議は、ある意味で、生物の分類の問題に関する論議であった。つまり、生物をつねに無生物と離しておくか、段階的に続いたものとするかということである。また一七世紀と一八世紀には生物界に存在するさまざまな形のものを分類しようとする試みが発達した。そしてこのことが、自然発生に関するよりもさらに深刻な論争の出発点となった。この論争は、一九世紀に頂点に達した。

まず第一に、生物はそれぞれ別の種に分けることができる。種という語は、正確に定義するのは、実際非常にむずかしい。大まかにいえば、一つの種はそれらの間で自由に交配ができ、その結果それらに似た子が生まれ、その子も自由に交配でき、だんだんと次の世代をつくっていく生物のグループである。すべての人類は、外観上の違いはみられても、一つの種に属すると考えられる。なぜなら、知られている限り、外観上違いがある種族の間でも、男子と女子は自由に結婚し、子どもをつくることができるからである。これに対して、インドゾウとアフリカゾウはたいへんよく似ていて、一見同じ種類のようにみえるが、一方の雄と他方の雌とは交配できないし、子どももつくれないので、別の種である。

アリストテレスは動物の五〇〇種を、テオフラストスは多くの植物の種を記した。彼らの時代以後二〇〇〇年間続けられた観察は、さらに多くの種を明らかにしたし、また既知の世界が広がったことによって、古代の博物学者がみたことがない新しい種の植物と動物の報告が非常に多くあらわれた。一七〇〇年までに何万種の植物と動物が記載された。

ある限られた数の種の目録の中でも、類似した種をいっしょにまとめたくなるものである。たとえば、ほとんどの人が自然に二つのゾウの種をまとめるであろう。生物学者を満足させるやり方で、何万という種を系統的にまとめあげる方法を見出すのは容易ではない。この方向で初めてすぐれた試みをしたのは、イギリスの博物学者、レイ（John Ray 一六二八～一七〇五年）である。

一六八六年から一七〇四年の間に、彼は植物の生活に関する三巻の百科事典を出し、その中で一万八六〇〇種を記載した。一六九三年、彼は植物のほど広くはないが、動物の生活についての本をつくった。その中で、彼は異なった種を論理的に分類しようと試みた。分類の基準は、おもに足の指と歯においた。

たとえば、彼は哺乳類(ほにゅう)を足指をもつものと、ひづめをもつものとの二つの大きい群に分けた。さらに、ひづめをもつものを、一本のもの（ウマ）、二本のもの（ウシなど）、三本のもの（サイ）に分けた。二本のひづめの哺乳類を彼はさらに次の三つの群に分けた。反芻(はんすう)し、永久のつのをもつもの（ヤギなど）、反芻し、毎年つのが落ちるもの（シカ）、および反芻しないもの（ブタ）。

レイの分類体系は支持されなかったが、分類し、さらに細分していく興味深いものであった。そして、このことは、スウェーデンの博物学者、リンネ（Carl von Linné 一七〇七～七八年）によってさらに発展させられた。彼はふつうラテン語風のリンナエウス（Carolus Linnaeus）という名で知られている。彼の時代までに、生物の既知の種の数は最少七万になっていた。一七三二年、リンネは北スカンジナビア（確かに生物があまり棲(す)みよい場所ではないが）のあちこちを七四〇〇キロメートル旅行し、短い時間に新しい一〇〇種の植物を発見した。

大学にいる間は、リンネは植物の生殖器官を研究し、それが種によって異なるようすを記し、これにもとづいて分類系をつくることを試みようと決心した。その計画はときとともに広がり、一七五三年、彼は『自然の体系』（System Naturae）という本を出版し、今日用いられている体系の直接の祖先ともいえる、種を分類する体系を確立した。それゆえ、リンネは**分類学**（生物の種を分類する学問）の創始者と考えられている。

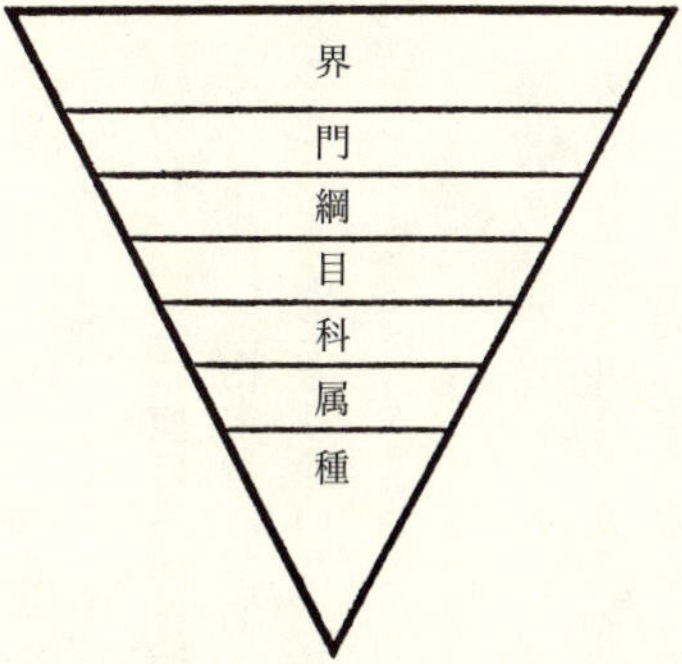

図1　上から下へ（界から種へ）向かって、おもな分類段階を示す。この中に生物は、分類学者によって位置づけられる。

リンネは類似した種を〝属（genera）〟（人種〔race〕の意味のギリシャ語に由来した語、単数は"genus"）にまとめた。類似した属は目に、類似した目は綱にまとめられた。すべての既知の動物種は六つの綱に分類された。すなわち、哺乳類、鳥類、爬虫類、魚類、昆虫類および〝蠕虫類〟。これらのおもな分け方は、実際には二〇〇〇年前のアリストテレスの分け方ほどよくなかったが、体系的な分類や細分ができ上がった。その欠点は、後に十分に訂正された。

おのおのの種に対して、リンネはラテン語で二つの名を与えた。初めはそれが属する属の名で、次に種の名前をつけた。この〝二名法〟の形は現在まで続いている。そして、それは生物学者に生物に関する国際的に通用する言語を与え、数え切れないほど多くの混乱をとり除いた。リンネは人間にも一つの公式名をつけた。そのホモ・サピエンス（*Homo sapiens*）は現在まで続いている。

進化への接近

非常に広いグループから始まってだんだんと狭いグループへと分けていくリンネの分類は、文字の〝生物の木〟のようにみえる。そのような木であらわしたものをみると図表ではあるが、その配列がまったく偶然なものでありうるかどうか知りたいと、気持ちになるのはさけがたいであろう。二つの密接に関連した種は共通の祖先から発達したものではないであろうか。また、二つの密接に関連した祖先はさらにもっと古い原始的な祖先から発達したものではないであろうか。つまり、リンネによりつくられた構造は、本当の木が生長するように、あるていど時代とともに成長したのではないであろうか。生物学の歴史における最大の論争が生じたのは、この可能性に関してであった。

聖書のことばに忠実な敬虔（けいけん）な人間であるリンネ自身にとっては、この可能性はのろいであった。彼は、すべての種は別々に創造され、そのおのおのは神の摂理によって支えられているので、いかなる種も消滅することは許されないと主張した。彼自身の分類体系は、この信念を反映している。というのは、それは外観にもとづいており、可能な相互関係を反映する何の試みもなされていなかったから（それはちょうど、ロバ、ウサギ、コウモリをすべて長い耳をもつという理由で一つの種類にまとめるようなものであった）。確かに、もし多くの種の間に何の相互関係もないならば、いかにそれをまとめようともどうでもよいことである（すべての配列は等しく人為的なもので、人はむしろ最も便利なものを選ぶであろう）。

それにもかかわらず、リンネは他の人々が〝進化〟（その語自身は一九世紀半ばまで普及しなかったが）の過程を示唆したり、想像したりすることを止めることはできなかった。その進化の過程のなかで、一つの種は他の種から実際に発展し、また、その過程のなかに用いた分類体系を反映する種の間の自然の相互関係がある（晩年、リンネ自身も弱くなり、新しい種は交配によってつくることができるということを示唆し始めた）。

のん気で、保守的で用心深いフランスの博物学者、ビュッフォン（Georges Louis Leclerc, Comte de Buffon 一七〇七～八八年）でさえ（彼は自然発生に関する実験をニーダムと共同で行った。六一頁参照）、そのようなことを示唆することによって、あえて正統派の説を普及せざるをえなかった。

ビュッフォンは、博物学に関する四四巻の百科事典を書いた。それは彼の時代は、かつてのプリニのもののように有名で、異質なもの（しかし、ずっと正確である）であった。その中で、彼はある生物が自分に不用な部分（〝痕跡〟）をもつことを示した。たとえば、ブタは二つの有用なひづめの両側に、二つの縮んだ足指のようなものをもっている。それらは、かつて満足な大きさで、有用であった足の指が時代とともに縮んでいったことをあらわしているのではなかろうか。サルは退化した人間であり、ロバは退化したウマではなかろうか。

イギリスの医師、エラスムス・ダーウィン（Erasmus Darwin 一七三一～一八〇二年）は植物学と動物学を扱った長い詩を書き、その中でリンネの体系を受け入れた。彼は、その中にまた、環境の影響によっておこる種の変化の可能性をとり入れた（しかしながら、これらの見解は今日では疑いもなく忘れられている。それは、エラスムス・ダーウィンが進化説を頂点に到達させたチャールズ・ダーウィンの祖父であったという事実のためではなかろうか)。

ビュッフォンの死んだ翌年おこったフランス革命は、ヨーロッパを深刻にゆさぶった。変革の時代がやってきて、その間に古い価値は粉砕され、決して回復しなかった。絶対的な権威として王と教会を容易に受け入れることが次々と各国で消え去っていき、初めは危険な異教であった科学的な説を提案することが可能になってきた。それで、ビュッフォンの生物界に関する考えは、進化の学説を非常に広く扱うことを無用なものとしているようなものだった。しかし、何十年か後に、もう一人のフランスの博物学者、ラマルク(Jean Baptiste de Monet, Chevalier de Lamarck 一七四四〜一八二九年)は、かなり詳しく進化を考えることが望ましいことを発見した。

ラマルクは、リンネの四つの綱(哺乳類、鳥類、爬虫類、魚類)を、内部に脊柱、すなわち背骨をもつ動物、〝脊椎動物〟としてまとめた。他の二つの綱(昆虫類と蠕虫類)をラマルクは〝無脊椎動物〟と名づけた(この二重の分類はすぐに廃棄されたが、しろうとの間では通俗的に用いられ続けている)。ラマルクも昆虫類と蠕虫類の綱は異質なものがまざったものであることを認めていた。彼はそれらに関して努力し、よりよい順序にかえた。そして、それらをアリストテレスの分類でおかれている水準まで、あるいはそれ以上に高めた。たとえば、彼は八本足のクモ類は六本足の昆虫類と同じにまとめることはできず、イセエビもヒトデといっしょにできないことを認めた。

一八一五年から一八二二年の間に、ラマルクはついに『無脊椎動物の博物学』と題する巨大な七巻の本を書き、近代的な無脊椎動物学の基礎をつくった。この仕事はすでに進化の可能性について彼が考える原因となり、早くも一八〇一年ごろその問題に関する彼の考えを発表した。そして、次に一八〇九年に非常に詳しく、『動物哲学』という本を書いた。ラマルクは、器官は生涯によく使われるならば有効な大きさに成長し、使われなければ退化すること、この成長あるいは退化は子孫に伝えられることがあることを示唆した（これは、しばしば〝獲得形質の遺伝〟とよばれる）。

彼は、彼が考えたことの例として、そのころ発見されたキリンを用いた。木の葉を好んで食べる原始的なカモシカは、できる限りの全部の葉をとろうとしてその首を上に伸ばすであろう。舌と脚も伸びるであろう。その結果、すべてこれらのからだの部分が文字どおりかなり長くなったであろう。そして、ラマルクが示唆したこの長くなることは次の世代へ伝えられるであろう。次の世代はさらに長い部分で始まり、それらがさらに伸びる。少しずつ、カモシカはキリンにかわったのであろう。

その説は永続きしなかった。その理由は獲得形質が遺伝するというよい証拠がないためである。実際、集めることができたすべての証拠は、獲得形質が遺伝しないことを示した。たとえそのような形質が遺伝するとしても、それは伸びた首の場合におけるように自発的な圧力を受けるものに対してなされるであろう。しかし、保護のカモフラージュとして役立つキリンの斑点のある皮膚についてはどうであろうか。いかにしてカモシカの斑点のない皮から発達したのであろうか。祖先のキリンが斑点になるように試みたと考えられるであろうか。

ラマルクは貧乏で認められないまま死んだ。彼の進化の説もばかにされてしまった。しかし、その説はそれでも突破口を開いた。進化は敗北を喫したが、それが戦場にはいったという事実だけでも重要であった。後に闘う機会もあるであろう。

地質学的背景

進化のすべての説に立ちはだかるおもな難点は、種の変化が外見上ゆっくりしていることであった。人類の記憶にある限り、一つの種が他の種に変化した例はなかった。したがって、そのような変化が実際に生じても、たいへんゆっくりで、たぶん何十万年もかかるに違いない。中世と近世初期を通じて、なお、ヨーロッパの学者たちは聖書に書かれてあることを認め、地球は約六〇〇〇年の古さであり、進化のおこる時間がないと考えていた。

一七八五年に変化がやってきた。スコットランドの医師で地質学を趣味としたハットン（James Hutton 一七二六〜九七年）は『地球説』という本を書いた。その中で、彼は水、風、天候の作用がゆっくりと地球の表面を変化させるようすを論じた。彼は、これらの作用はつねに同じ方法で、同じ速度で進行すると主張した（〝均一説〟）。次に、山ができたり、川の峡谷がえぐられたりなどするような大きな変化を説明するために、非常に永い年月が必要であることを指摘した。したがって、地球は数百万年もたっているに違いない。

この地球の年齢についての新しい考えは、最初は非常な敵意で迎えられたが、当時生物学者の心をうばい始めていた化石の意味を説明するのに役立つことは認められなければならなかった。〝化石〟（“fossil”）という語は、ラテン語の〝掘ること〟という意味の語に由来した。そして、初めは地球から掘り出されるすべてのものに当てはめられた。しかし、掘り出されたもので、最も好奇心をそそったのは、生物と似た構造をもつようにみえる石のような物であった。

石が偶然に生物の形によく似るということはまったくありそうに思えないので、多くの学者たちはそれらはかつては生きものであって、何らかの理由で石にかわったと考えた。多くの人たちは、それらはノアの洪水でこわされた生物の遺物であるといい出した。しかし、地球がハットンが提案したように古いものであったら、化石は非常に古い遺物であり、きわめてゆっくりとそれらをふつうつくっている物質がまわりの土の中にある石のような物質でおきかえられたものであろう。

化石についての新しい見方は、イギリスの測量師で後に地質学者となったスミス(William Smith 一七六九〜一八三九年)によりもたらされた。彼は運河の路線を測量し(そのころ、いたるところでつくられていた)、発掘物を観察する機会をもった。彼は、さまざまの型と形の岩が平行な層、すなわち〝地層〟に配列しているようすに気づいた。また、それに加えて、おのおのの地層が、別の地層ではみられないような固有の特徴がある形をした化石をもつことにも気がついた。いかに地層が曲げられ、褶曲(しゅうきょく)され、沈んでみえなくなってふたたび何キロメートルも離れて露出しているときですらも、その特徴ある化石を保有していた。結局、スミスはさまざまの地層を、それらが固有にもつ化石によって見分けることができた。

もしハットンの説が正しければ、地層はそれがゆっくりと形成された順につみ重なり、ある地層が深い位置にあればあるほど、その地層は古いと考えるのが合理的である。もしも、化石が本当にかつて生きていたものの遺物であれば、それらが生存していた順序はそれらがみつけられた地層の順序によって決められるであろう。

化石は、フランスの生物学者キュヴィエ（Georges Léopold Cuvier 一七六九～一八三二年）の特別な関心を引いた。キュヴィエは、さまざまの生物の構造を、それらを注意深く比べたり、すべての類似点や相違点を記録することによって研究した。こうして、**比較解剖学**の基礎を築いた。これらの研究によって、キュヴィエは、からだの一つの部分と他の部分との必然的な相互関係を学ぶことができ、そうしてある骨の存在から、別のものの形、すなわちそれらがついている筋肉の形などを類推することができた。ついに、彼は少数の部分から動物全体に近いものを合理的に再構成することができた。

比較解剖学者が種の分類に興味をもつのは当然のようである。キュヴィエはリンネの体系を拡張し、後者の綱をより大きいグループにまとめた。ラマルクがしたように、一つは〝脊椎動物〟と名づけた。しかし、キュヴィエはその残りを無脊椎動物としてまとめなかった。彼はそれらを三つの群、すなわち体節動物（昆虫類や甲殻類のように関節をもち、殻（から）でおおわれた動物）、軟体動物（ハマグリやカタツムリのように、関節がなく、殻でおおわれた動物）、および放射相称動物（残りのすべて）に分けた。

これらの最も大きい群を、彼は〝門〟（"phyla"）とよんだ（単数は"phylum"、ギリシャ語の部族の意味の語に由来する）。キュヴィエの時代以来、現在までに、門はふえて、植物と動物両方で約三六みとめられている。特に、脊椎動物の門は、脊柱のないいくつかの原始的な動物を含むように広げられた。その動物は今日〝脊索（せきさく）動物〟とよばれている。

また、キュヴィエは比較解剖学に興味があったので、彼自身の分類体系の基礎を、リンネがおいた外観上の類似点よりもむしろ、構造と機能の相互関係を示す特徴においた。キュヴィエは彼の分類系をおもに動物に適用したが、一八一〇年にスイスの植物学者、カンドル（Augustin Pyramus de Candolle 一七七八～一八四一年）はそれを植物に適用した。

キュヴィエは彼の分類体系を化石にまで広げざるをえなかった。からだの部分から全体の生物を組み立てることができる彼の熟練した目にとっては、化石はまったく生物には似ていないが、それらは彼が設けた門のどれかに明白に位置する特徴をもっていた。彼は、さらに化石を、それが所属する門をさらに細分した群に分類することもできた。このようにして、キュヴィエは生物学の知識をはるか過去に推し進め、古代の生物の形を研究する学問である**古生物学**を樹立した。

化石は、キュヴィエがみたように、種の進化の記録をあらわすように思われる。化石が発掘された地層が深ければ深いほど、古ければ古いほど、現在の生物との違いが大きい。また、ある化石は、漸進的な変化を示すようなやり方で、連続した順序で並べることができる。

しかし、キュヴィエは信心深い人であり、進化的な変化の可能性を受け入れることができなかった。彼は、そのかわりに、地球は実際に古いけれども、すべての生命が全滅してしまうような周期的な大激変にさらされたという見解を採用した。そのような大激変の後はいつも、前に存在していたものとはまったく形が違う新しい生物があらわれるであろう。現代の生物（人間も含めて）は、最も最近の大激変の後につくられた。この見解では、進化の過程は化石を説明するのに必要ではなかったし、最後の大激変の後のことがらのみに適用されると思われる聖書の物語は、保存することができる。

キュヴィエは、四回の大激変が既知の化石を説明するのに必要であると考えた。しかし、化石が多く発見されればされるほど、事態はますます複雑になり、キュヴィエの後継者のいく人かは、ついに二七回の大激変を仮定した。

このような〝天変地異説〟は、ハットンの均一説と一致しなかった。一八三〇年に、スコットランドの地質学者、ライエル（Charles Lyell 一七九七〜一八七五年）は、三巻の『地質学原理』という本を出版し始め、その中でハットンの説を普及し、地球は漸進的にのみ変化し、大激変はしないことを示す証拠をまとめた。そして、もちろん、引き続いた化石の研究はライエルを支持した。すべての生物が全滅したことを示す地層の記録はまったくないようであった。大激変が示唆されたどの時代にも何らかの生物は生き残った。実際、現在も存在しているいくつかの生物は、何百万年も実質的には変化していない。

天変地異説は、しばらくの間、キュヴィエの後継者たちの間で、特にフランスで支持された。しかし、ライエルの本があらわれて後は、その説は滅亡に瀕した考えとなった。天変地異説は進化説に反対する最後の科学的な主張であった。それがつぶれたとき、進化の考えのある形が明確に述べられなければならなかった。一九世紀の半ばまでに、そのような発展のための条件はますます熟してきた。そして、それをもたらす人も登場した。

第五章　化合物と細胞

気体と生物

種がうまく分類されている間に、生命の科学は新しい非常に実りの多い方向へ広がっていった。化学の研究で大きな変革がおこり、化学者たちは自分たちの技術を無生物系と同様に生物にも適用し始めた。こうするのが当然であるのは、消化についての初期の研究で明らかに示された。

消化は比較的研究しやすい動物体の一つの機能である。消化はからだの組織そのものの中ではなく、外界に開いている消化管の中でおこり、消化管は口から到達できる。一七世紀には、消化とは胃のすりつぶし運動のような物理的な過程なのか（ボレリにより仮定された。四九頁参照）、あるいは胃液の発酵作用のような化学的な過程なのか（シルヴィウスにより仮定された。五〇頁参照）が重大な疑問であった。

フランスの物理学者、レオミュール（René Antoine Ferchault de Réaumur　一六八三～一七五七年）は、これを調べる方法を考えた。一七五二年に、彼は両側が開いた小さな金属の筒（その両側は金網でおおわれた）に肉を入れ、それをタカにのみこませた。金属の筒は肉がすりつぶされるのを防ぎ、一方金網によって肉が筒の外へ出ることとなしに胃液が中に入りこむようになっている。タカは一般に消化できないものを吐き出す。そしてレオミュールのタカが金属の筒を吐き出したとき、内部の肉は一部分とけていた。

次にレオミュールは、タカにスポンジをのみこませ、吐き出させてチェックした。スポンジにしみこんだ胃液をしぼり出し、肉とまぜた。肉はゆっくりとけ、論争は終わった。消化は化学的な過程であり、生命における化学の役目が有効に示された。

一八世紀には、ヘルモント（四九頁参照）により始められた気体の研究が、特に急速に進み、一つの魅力的な研究分野となった。生命とさまざまな気体との関係が探究されたのは当然のことであった。イギリスの植物学者で化学者のヘールズ（Stephen Hales 一六七七～一七六一年）はその探究者の一人である。彼は一七二七年に本を出版し、その中で植物の生長速度と樹液の圧力を測定した実験について述べている。そのため、彼は**植物生理学**の創始者と考えられている。彼はまたさまざまの気体について実験し、それらの一つである二酸化炭素が植物の栄養に何らかの貢献をしているこ とを認めた最初の一人であった。この点で、水だけから植物の組織がつくられるというヘルモントの見解を訂正した（あるいはむしろ拡張した）。

次の発展は、半世紀後にイギリスの化学者プリーストリ（Joseph Priestley 一七三三〜一八〇四年）によりなされた。一七七四年に、彼はわれわれが酸素とよぶ気体を発見した。彼はそれは心地よく呼吸できるもので、ハツカネズミは酸素を入れたガラス鐘の中に入れられると、特にはねまわることをみつけた。彼はさらに植物が空中の酸素量を増加する事実も知った。オランダの医師インゲンホウス（Jan Ingenhousz 一七三〇〜九九年）は、植物が二酸化炭素を消費して酸素をつくり出す反応は、光があるときにのみ生じることを示した。

その時代の最大の化学者は、フランス人のラボアジェ（Antoine Laurent Lavoisier 一七四三〜九四年）である。彼は化学における正確な測定の重要さを強調し、それを現在でも真実として受け入れられている燃焼説の展開に利用した。この説によれば、燃焼は燃焼する物質と空中の酸素の化学的結合の結果である。彼はまた空気は酸素のほかに燃焼を助けない気体である窒素も含んでいることを示した。

ラボアジェの〝新しい化学〟は生命をもった物にも適用される。ある点でろうそくにあてはまることは、ハツカネズミにも同じようにあてはまる。ろうそくが密閉されたガラス鐘の中で燃えると、酸素が消費され、二酸化炭素がつくられる。後者はろうそくの成分中に含まれる炭素が酸素と結合してできる。ガラス鐘の中の空気に含まれる酸素のすべてまたはほとんどすべてが消費されると、ろうそくは消え、もはや燃焼しなくなる。

このことは動物の生活についても同様である。ガラス鐘の中のハツカネズミは酸素を消費し、二酸化炭素をつくる。後者は組織の中の炭素が酸素と結合して生じる。空中の酸素の濃度が低くなると、ハツカネズミは呼吸困難になり死ぬ。全体的にみると、植物は二酸化炭素を消費し、酸素をつくり出す。動物は酸素を使い二酸化炭素をつくり出す。植物と動物は共通して化学平衡を維持するのに役立ち、その結果、結局大気中の酸素の濃度（二一パーセント）と二酸化炭素の濃度（〇・〇三パーセント）は一定に保たれる。

ろうそくも動物もともに二酸化炭素を出し、酸素を消費するので、ラボアジェは、呼吸は燃焼の一形式であり、酸素が一定量消費されるとそれに相当する熱量が発生する（ろうそくでもハツカネズミでも）と仮定するのが合理的と考えた。この方面の彼の実験は当然ぞんざいなものであった（当時利用できた測定技術から考えて）。彼が得た結果はおおまかなものであったが、彼の主張を支持していると思われた。

これは機械論的な生命観の側における強力な手柄であった。なぜなら、同じ化学的過程が生物と無生物の両方でおきることを意味するように思われるからである。このことは、機械論者が主張するように、同じ自然法則が生物と無生物両方の世界を支配しているという考えを支持することがより合理的であると思わせた。

ラボアジェの考え方は、一九世紀の前半に物理学が進歩するにつれて強められた。この数十年の間に、熱は蒸気機関の発達によって興味をかきたてられた多くの科学者により研究された。蒸気機関によって、熱は仕事にかえることができる。また、物を落下させたり、水を流したり、空気を動かしたり、光、電気、磁力などのような他の現象に変化させることもできる。一八〇七年に、イギリスの物理学者ヤング(Thomas Young 一七七三〜一八二九年)は、〝エネルギー〟という語を、それから仕事を得ることができるすべての現象をあらわすことばとして提案した。この語は、〝中に仕事がある〟(work within)という意味のギリシャ語に由来している。

一九世紀の初めの物理学者は、エネルギーの一つの型を他の型にかえることができる方法を研究した。そして、だんだんそのような変化の精密な測定がなされるようになった。一八四〇年代までに少なくとも三人の人々、イギリス人のジュール(James Prescott Joule 一八一八〜八九年)、二人のドイツ人のマイアー(Julius Robert von Meyer 一八一四〜七八年)およびヘルムホルツ(Hermann Ludwig Ferdinand von

Helmholtz 一八二一～九四年）が、〝エネルギー転換〟の考えを進歩させた。この考えによれば、エネルギーの一つの型は自由に他の型に変化できるが、その過程中でエネルギーの総量は減少も増加もしない。

いろいろな種類の厳密な測定にもとづいてつくられたそのような広い一般的な法則は、無生物と同様に生物にも適用できるのが当然のように思われた。どんな動物も食物から連続的にエネルギーを得ることなしに生存を続けられないという単純な事実は、生命現象が無からエネルギーをつくり出すことはできないように思わせる。植物は動物がするのとまったく同様な方法で食物をとったり、呼吸したりはしないが、一方、光のエネルギーを定期的に受けなければ生存することはできない。

マイアーは、地球上のさまざまなもののすべてのエネルギー源は、太陽からの光と熱の放射であると明確に述べた。そして、太陽の光と熱はさらに生物を支えているエネルギー源であると述べている。それは植物にとっての直接のエネルギー源であり、植物を通じて動物（もちろん人間も含めて）のエネルギー源である。

エネルギー転換の法則は生命のない自然に対すると同様に生命をもつ自然にも厳密に適用され、この非常に重大な点で生命は機械的なものであろうという考えがしだいに成長してきた（そして、それは一九世紀の後半に広く示されていた）。

有機化合物

しかしながら、生気論者の地位はなお強かった。エネルギー転換の法則が無生物と同様に生物にあてはまること、あるいはまた、たき火も生きている動物もともに酸素を消費し二酸化炭素をつくり出すことを認めたにしても、それらは単に全体の限界を示しているにすぎない。——人間も山の頂もともに物質からできているというようなものである。その限界の中には、まだ詳しい点について莫大な疑問が残っている。たとえば、生物は物質からできているが、無生物界の物質とはまったく異なった物質の形でつくられているのではなかろうか。この疑問は、ほぼそのとおりと肯定の形で答えられるように思われた。

土や海や空中に豊富にある物質は、丈夫で、安定していて、変化しない。水は加熱すると沸騰して水蒸気になるが、冷やして液体の水にもどすことができる。鉄や塩は溶かしうるが、もう一度もとの状態へ凝固させることができる。一方、生物から得られた物質——砂糖、紙、オリーブ油——はそれらが由来した生物のもつ微妙さやもろさを受けついでいるように思われる。それらは熱すると、くすぶり、こげ、または炎をあげて燃える。そして、その変化は不可逆的である。紙が燃えてできた煙と灰は、冷やしてもふたたび紙にもどらない。それゆえ、明らかに物質には二つの異なった区分があると考えるのが適当なように思われる。

スウェーデンの化学者、ベーセリウス（Jöns Jakob Berzelius 一七七九〜一八四八年）は、一八〇七年に、生物（あるいはかつて生物だったもの）から得られた物質を〝有機物〟とよび、その他のすべての物質を〝無機物〟とよぶことを提案した。彼は有機物を無機物に変化させることはたいへんたやすいが、その逆は生命のはたらきを通してでなければ不可能であると考えた。無機物から有機物をつくり出すには、生きている組織内にのみ存在するある生命力が介入しなければならない。

しかし、この考えは長く続かなかった。一八二八年にドイツの化学者ウェーラー（Friedrich Wöhler 一八〇〇〜八二年）は、シアン化合物とその関連化合物を研究していた。それらは無機物とみなされていた。彼はシアン化アンモニウムを熱した。そして、驚いたことに、調べてみて尿素であることがわかった結晶を得た。尿素は哺乳類の尿のおもな固体成分で、明らかに有機物であった。

ウェーラーの発見は、他の化学者たちが無機物から有機物を合成する問題にとりくむことをさかんにし、すみやかな成功が続いた。フランスの化学者ベルテロ（Pierre Eugène Marcelin Berthelot 一八二七〜一九〇七年）の研究によって、無機物と有機物の間に考えられていた壁は完全にくずれ去ったことが疑いなくなった。一八五〇年代に、ベルテロは、メチルアルコール、エチルアルコール、メタン、ベンゼン、アセチレンのようなよく知られた有機化合物を、明らかに無機の化合物から合成した。一九世紀の初めの二、三十年間における、適当な分析技術の発達によって、化学者たちは有機化合物がおもに炭素、水素、酸素および窒素からつくられていることを見出した。まもなく、彼らは、これらの物質をいっしょにすることで、生物体内には実際には生じないが有機物の一般的性質をもつ物質をつくり出す方法を知った。

一九世紀の後半には、無数の〝合成有機化合物〟がつくられ、もはや有機化学を生物によりつくり出された化合物を研究する学問であると定義することはできなくなった。なるほど、化学を有機と無機の二つの部分に分けるのはやはり便利であるが、それらはそれぞれ〝炭素化合物の化学〟と〝炭素を含まない化合物の化学〟と定義されるようになった。生命はそれと何も関係をもたない。

しかし、まだ生気論者が引きこもるにはかなりの余地が残っていた。一九世紀の化学者たちによりつくられた有機化合物は、比較的簡単なものである。生物の組織内には、非常に複雑で、一九世紀の化学者がそれを複製しようと期待できなかった多くの物質が存在する。

これらの複雑な化合物は、イギリスの医師プラウト（William Prout 一七八五〜一八五〇年）が一八二七年に最初に述べたように、三つの群に分けられる。これらの群は、今日〝炭水化物〟、〝脂質〟、〝タンパク質〟と名づけられている。炭水化物（糖、デンプン、セルロースなど）は、脂質（脂肪、油）と同様に炭素、水素、酸素のみよりなる。しかし、炭水化物は比較的酸素が多く、脂質は酸素が少ない。さらに、炭水化物は初めから水に可溶であるか、あるいは酸のはたらきで簡単に水にとけるようになるが、脂質は水に不溶である。

タンパク質は、これら三つの群の中で最も複雑な化合物で、最もこわれやすく、みたところ最も生命に特徴的な物質である。タンパク質は、炭素、水素、酸素のほかに窒素、イオウを含み、ふつう水にとけるが、おだやかに熱すると凝固して、水に不溶になる。タンパク質は初めその代表的な例がラテン語で〝アルブメン〟(albumen)とよばれる卵白で見出されていたので、〝アルブミン様物質〟といわれた。しかし、一八三八年、オランダの化学者ムルダー（Gerard Johann Mulder 一八〇二〜八〇年）が、アルブミン様物質の重要性を認め、〝最も重要なもの〟という意味のギリシャ語から、〝タンパク質〟(protein)という語をつくり出した。

一九世紀を通じて、生気論者たちは、有機物一般についてではなく、タンパク質分

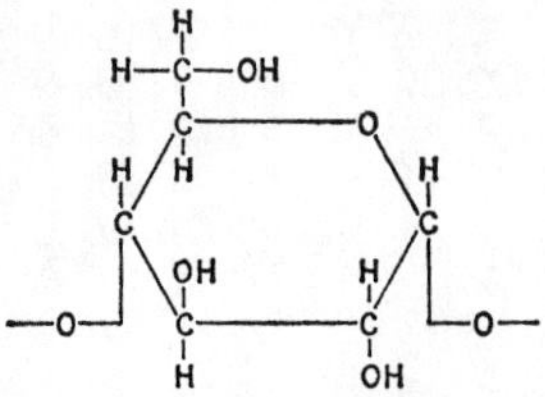

炭水化物

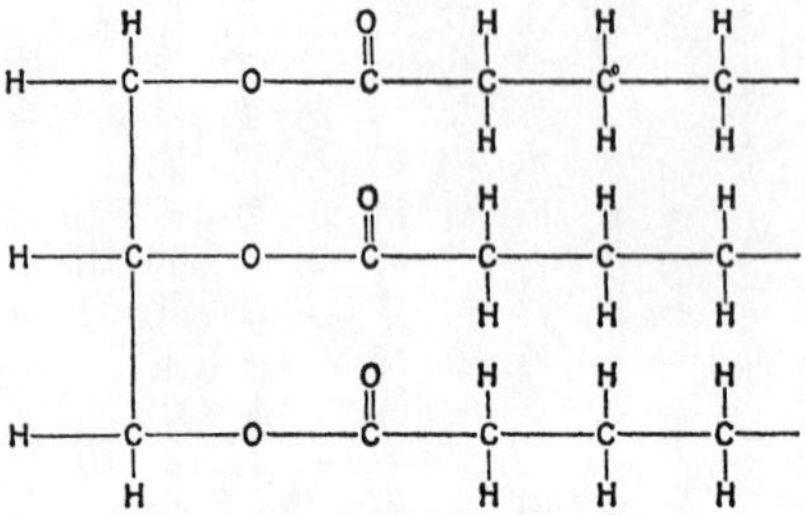

脂質（脂肪）

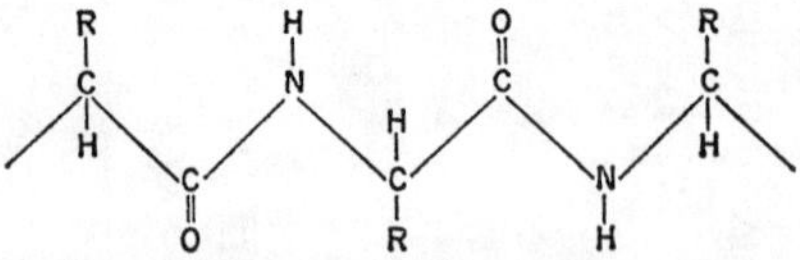

タンパク質

図2　すべてのものの成分となっている3種の有機物：炭水化物、脂質（脂肪）、タンパク質の構造式。炭水化物は六炭糖が鎖状につながったもので、ここにはその1単位が示されている。この図の脂質はパルミチンで最もふつうな脂質の一つで、左側のグリセロール原子団と右側に一部分を示した脂肪酸の長い鎖からなっている。この図に示したタンパク質は、タンパク質分子の骨格となっているポリペプチド鎖の一部である。Rはアミノ酸の側鎖を表す（詳細は246頁の図6参照）。（*Scientific American*の図より）

子にその希望をつないでいた。

有機化学の知識の発展は、また進化の概念にも貢献した。生物のすべての種は、同じ有機物の種類よりなっている。すなわち、炭水化物、脂質およびタンパク質である。なるほど、これらは種によって違っているが、その違いはわずかである。ヤシの木とウシは非常に違った生物であるが、ココナツと牛乳からとれる脂肪は、ごくささいな点で違いがあるだけである。

さらに、複雑な構造をもつ炭水化物、脂質およびタンパク質は、消化の過程で比較的単純な〝構成素材〟（“building blocks”）に分解されることが一九世紀の半ばの化学者たちによってしだいに明らかになってきた。構成素材はすべての種で同じであり、ただその組み合わせが細かい点で違っているらしい。一つの生物はさまざまに異なった他の生物を食べることができる（人間がイセエビを食べたり、ウシが草を食べたりするように）。なぜなら、食物の中の複雑な物質は、食べるほうと食べられるほうに共通な構成素材にまでこわされるからである。そして、これらの構成素材は吸収され、それを食べた生物の複雑な物質にふたたび組み立てられる。

化学的な見方では、すべての生物はその外観が多様であっても、一つのものであるように思われる。もしそうであれば、一つの種から他の種へと進化して変わっていくことは、ささいなことにすぎず、真の根本的な変化を必要としないように思われる。この考え方は、それ自身では進化の概念を確立しはしなかったにしても、進化の考え方の妥当性を増すのに役立った。

組織と胚

生物学者が、生命の基本単位に気づくようになるのに、あるていど違った世界や化学者の研究にたよらねばならなかったわけではない。顕微鏡の性能がしだいによくなってきたので、生命の基本単位が目でみられるようになった。

最初、顕微鏡はあまりによくみえすぎるようになったというか、むしろ空想をかきたててしまった。初期の顕微鏡家たちのいく人かは、極小のものをみたいと思って、彼らの貧弱な器具が彼らに与える以上の精密さを求めようとした。そうして、彼らは苦心して、精液の精子の中の顕微鏡的人間の像（小人――homunculi）を描いた。

彼らはまた、小さなものに終わりがないのであろうと想像した。もし卵や精子がすでにその中に小さい人間をもっているならば、その小さな人間もその中にいつの日か自分の子孫となるさらに小さな人間をもっていることになり、それはきりがない。ある人は、最初にイヴの中に小人の中の小人の中の小人が何人ぐらいいたかを計算しようとした。そして、これらの入れ子になった世代が消費しつくされたとき、人類の終わりがくるのであろうと考えた。これが〝前成説〟で、明らかに反進化的な考えである。その理由は、この考えによればあらゆる種の生物はその種の最初のメンバーの中にすでに存在していたことになり、その線にそったどこかで種の変化がおこると考える理由はなくなってしまう。

この考え方に対する最初の主要な攻撃は、ドイツ人の生理学者ヴォルフ（Caspar Friedrich Wolff 一七三三～九四年）によってなされた。彼がわずか二六歳であった一七五九年に発行した本の中で、生長している植物についての観察を記載した。彼は生長している植物の枝の先端が未分化の同じような構造からなることに気づいた。先端が生長するにつれて、それは分化し、一部分は花に、他の一部分（最初はまったくみわけがつかない）は葉になる。後に、彼はニワトリの胚のような動物にも目を向けた。未分化の組織がしだいに分化していろいろな腹部の器官になっていくのをみた。これが〝後成説〟で、このことばは、ハーヴィによって、一六五一年に発行された動物の誕生に関する本の中で、初めて使われた。

この考え方によれば、すべての生物は、その外観が異なっていても、生命をもった物質の単純な一滴から発生する。そして、すべての生物はその起源が似たものになる。生物は、小さいがすでに特殊化した器官あるいは生物から発達するのではない。

正しく研究してみると、完全に発達した生物でさえ、それらの外観が異なるほどに違ってはいない。フランス人の医師ビシャー（Marie François Xavier Bichat 一七七一～一八〇二年）は、顕微鏡も使わずに（!）、彼の短い生涯の晩年に、種々の器官が異なった外観のいくつかの構成物からできていることを示した。これらの構成物を彼は〝組織〟と名づけ、そして組織について研究する学問である**組織学**を創設した。それほど多くの異なった組織はないこと（動物において重要な種類は、上皮、結合、筋肉、神経組織である）、異なった種の異なった器官はこれら数種の組織からできていることがわかってきた。一つ一つの組織は、生物全体が異なっているほど種によっての違いはない。

さらにもっと進めることができる。この本の前のほうで説明したように（五五～五六頁参照）、一七世紀半ばのフックは、コルクが、彼が細胞と名づけた小さな長方形の室に分かれていることをみつけた。それらは中空であり、コルクは死んだ組織であった。後の研究者たちは、生きているかあるいは最近まで生きていた組織を顕微鏡で観察し、これらもまた小さな壁で隔てられた単位からつくられていることを認めるようになった。

生きている組織では、その単位は中空ではなく、ゼラチン様の液体でみたされている。この液体は、チェコの生理学者プルキニエ（Johannes Evangelista Purkinje 一七八七〜一八六九年）によりついに名前がつけられた。一八三九年、彼は卵の中の生きている胚の物質を〝原形質〟と名づけた。これはギリシャ語の〝最初に形づくられた〟という意味の語からきている。ドイツの植物学者モール（Hugo von Mohl 一八〇五〜七二年）は、翌年この語を、組織一般の中にある物質のよび名とした。生きている組織の仕切られた単位は中空ではないが、フックの〝細胞〟という語はそれをよぶのにずっと使われている。

細胞はますます一般的に見られるようになり、多くの生物学者たちはそれらが生きた組織内に普遍的に存在しているのであろうと推測した。ドイツの植物学者シュライデン（Matthias Jakob Schleiden 一八〇四〜八一年）が、すべての植物は細胞からなり、生命の単位は細胞であり、この小さな生きているものからすべての生物がつくられていると主張した一八三八年に、この考えは具体化した。

次の年、ドイツの生理学者シュヴァン（Theodor Schwann 一八一〇〜八二年）は、この考えを拡張し強化した。彼は、すべての動物も、すべての植物と同様に細胞からなり、おのおのの細胞はそれを外界から区切っている膜によって囲まれていると指摘した。そして、ビシャーの述べた組織は特定の種類の細胞からなっていることも指摘した。ふつう、シュライデンとシュヴァンが〝細胞説〟の名誉にあずかっているが、多くの人々もまたこれに貢献し、彼らによって**細胞学**（細胞を研究する学問）が始まった。

細胞が生命の単位であるという仮説は、一つの細胞が独立して生活でき、生きるために一〇億も一兆も集まる必要がないことを示すことができれば、特に印象的になるであろう。ある細胞が実際に独立の生活をすることができるということは、ドイツの動物学者、シーボルト（Karl Theodor Ernst von Siebold 一八〇四～八五年）により示された。

一八四五年、シーボルトはレーウェンフックにより最初にみつけられた小動物（五四～五五頁参照）である原生動物について、くわしく取り扱った比較解剖学の本を出版した。シーボルトは、原生動物は単細胞からなると考えるべきことをはっきりさせた。個々の原生動物は単一の膜で囲まれ、それ自身の中に生活に必要な全機能をもっている。食物を摂取し、消化し、同化し、老廃物を捨てる。環境を感じとり、それにしたがって反応する。成長し、二分してふえる。なるほど、原生動物は、人間のような多細胞生物をつくりあげている細胞よりも一般に大きく、より複雑である。しかし、原生動物の細胞は、独立した生活を可能にするために必要なすべての能力をもつために、そうあらねばならないのである。一方、多細胞生物の個々の細胞は、この機能の多くを捨てる余裕がある。

多細胞生物でさえ、個々の細胞の重要性を示すのに用いることができる。ロシアの生物学者ベーア（Karl Ernst von Baer 一七九二～一八七六年）[1]は、一八二七年にグラーフ濾胞（ろほう）（五二頁参照）の中で哺乳類の卵を発見し、次に卵が独立して生活する生物へ発達していくしかたを研究しつづけた。

次の一〇年間に、彼はこの問題に関して大きな二巻の教科書をあらわした。こうして、**発生学**（胚、すなわち発生しつつある卵を研究する学問）を創設した。彼はヴォルフの後成説（その当時はほとんど無視されていた）をより詳しく、より実証された形で復活し、発生中の卵は数層の組織を形成し、それらのおのおのは初めに未分化であるが、そのおのおのからさまざまの分化した器官が発達してくることを示した。これらの最初の層を、彼は〝胚葉〟（germ layer――"germ" は生命の種子の中に含まれるすべての小さな対象に対する総称名）と名づけた。

この胚葉の数は、最終的には三層であることになった。一八四五年、ドイツの医師レマーク（Robert Remak 一八一五～六五年）は、それらに今日知られている名前をつけた。それぞれ〝外胚葉〟（ギリシャ語で〝外側の皮〟の意味）、〝中胚葉〟（〝中央の皮〟）および〝内胚葉〟（〝内側の皮〟）である。

スイスの生理学者ケリカー（Rudolf Albert von Kölliker 一八一七～一九〇五年）は、一八四〇年代に、卵と精子はそれぞれ一つの細胞であると指摘した（後にドイツの動物学者、ゲーゲンバウル〔Karl Gegenbaur 一八二六～一九〇三年〕は、鳥類の大きな卵すら単一の細胞であることを示した）。精子と卵は融合して、〝受精卵〟となる。これもやはり一つの細胞であることをケリカーは示した（この融合すなわち〝受精〟は胚の発生を開始させる。生物学者たちは、一九世紀の半ばまでに、この過程がおこることをすでに仮定し、この仮説を支持する多くの観察がその前の何十年かになされていたが、スイスの動物学者フォル〔Hermann Fol 一八四五～九二年〕がヒトデの卵が精子によって受精されるのを目撃した一八七九年までは、実際にくわしく記述されていなかった）。

一八六一年までに、ケリカーは発生学の教科書を出版し、その中でベーアの研究は細胞説の立場でふたたび説明されている。すべての多細胞生物は受精卵という単一の細胞から出発する。受精卵が分裂を繰り返すので、でき上がった細胞はもとのものとあまり違いはない。しかしながら、それらは成体の複雑にからみあった構造がつくられるまでゆっくりと、異なった方向に、特殊化していく。これが、細胞のことばで述べた後成説である。

生命の単一性の考えは非常に強くなった。人間とキリンとサバの受精卵をみわけることはむずかしいし、胚の発生につれて、違いがごくゆっくりつくられていく。初めほとんど区別がつかなかった胚の中の小構造が、一つの場合はつばさに、もう一つの場合は腕に、三番目の場合は足に、四番目の場合はひれ状の足になっていく。ベーアは、動物間の関係は、成体の構造を比較するより胚を比較することで、より適切に推論できると強く考えた。それゆえ、彼はまた**比較発生学**の創始者でもある。

種から種への変化は、細胞の発達過程からみるとほんのささいなことであり、それをもたらすにはある進化の過程内で十分できるように思われる。たとえば、ベーアは脊椎動物の初期の胚は、一時的に〝脊索〟をもつことを示した。これは背すじにそって走る堅い棒状のもので、非常に原始的な魚に似た生物は、一生涯そのような構造をもっている。これらの原始的な生物は、一八六〇年代にロシアの動物学者コヴァレフスキー（Alexander Kowalewski 一八四〇～一九〇一年）により、最初に研究され、記載された。

脊椎動物では、脊索はすみやかにつぎ目をもった椎骨（ついこつ）の脊髄にかわる。それにもかかわらず、一時的に脊索が出現することは、コヴァレフスキーにより記載された動物と関係があることを示しているように思われる。この理由で、脊椎動物とこれら少数の無脊椎動物は、脊索動物門の中にひとまとめにされる。さらに、脊椎動物の胚（人間の胚にさえも）にほんのちょっと脊索があらわれることは、すべての脊椎動物が脊索をもったある原始的な生物に由来していることをあらわしていると考えるのは魅力的である。

いくつかの異なった分野——比較解剖学、古生物学、生化学、組織学、細胞学および発生学——からのすべての合図は、初めはささやき声であったが、一九世紀の半ばになると、ある種の進化的な考え方が必要であるとの叫びになった。進化に対してある満足を与えるしくみが存在すべきであった。

（1）訳注　アシモフはロシアの生物学者としているが、たぶん彼の思い違いで、ベーアはドイツの大学教授で、ふつうドイツの発生学者とされている。一八三四年、ロシア各地を旅行して、人類学・人種学・考古学・言語学などを研究した。

第六章　進　化

自然選択

妥当な進化のしくみを考え、それを生物学者の心の中にしっかりと確立した人は、イギリスの博物学者チャールズ・ダーウィン（Charles Robert Darwin 一八〇九～八二年）である。彼はこの本で前に述べた（六八頁参照）エラスムス・ダーウィンの孫であった。

青年のころ、ダーウィンは医学を学ぼうとし、後に教会に入ろうと思ったが、どちらの職業も彼に合わなかった。博物学は彼の趣味であったが、大学時代にそれを職業とすることに重大な関心をもつようになった。一八三一年、軍艦ビーグル号が地球をまわって科学的探検の航海に出発しようとしたとき、ダーウィンはその船の博物学者のポストをすすめられ、受諾した。

航海は五年かかり、ダーウィンは船酔いに苦しんだが、この航海が彼を天才的な博物学者にした。さらに、彼のおかげで、ビーグル号の航海は生物学史の上で、最も重要な探検旅行となった。

ダーウィンは出発前にライエルの地質学の本の第一巻（七七頁参照）を読み、地球の古さと生命が発達するのに非常に長い年月がかかったことをはっきりと理解していた。さて、航海中彼が南アメリカの海岸を旅行していたとき、いかにして種は互いにとりかわるか——連続する種はそれがとりかわったもとの種とわずかしか違っていない——ということに気づかざるをえなかった。

エクアドルの沿岸から約一〇〇〇キロメートル離れたガラパゴス諸島に五日間滞在する間に、その島の動物の生活について行った彼の観察が最もめざましいものであった。特に、彼は今日〝ダーウィンフィンチ〟（ヒワに近いなかま）とよばれる鳥のグループを研究した。多くの点でたいへんよく似ているこれらのフィンチ類は、少なくとも一四種に分類されたが、それらの一つとして近くの大陸や、知られている限り地球上の他のいかなる場所にもいなかった。一四の異なった種が、この小さい目立たない諸島で、そこでのみ生じたと考えるのは合理的でないように思われる。

そのかわりに、ダーウィンは、フィンチの大陸に棲む種がずっと前にこの島に移住し、非常に長い間かかって、最初のフィンチの子孫がしだいに異なった種に進化したと考えた。あるフィンチは、ある種の種子を食べる習慣が発達し、別のフィンチは別の種子を食べ、他のものは昆虫類を食べるようになった。それぞれの生活様式に対応して、一つ一つの種は独特のくちばし、独特の大きさ、独特の体型が発達した。大もとのフィンチは、多くの他の鳥類との生存競争のために、大陸ではこのようにならなかった。しかし、ガラパゴス諸島では、大もとのフィンチは比較的空いた土地をみつけた。そして多くの種類に発達する余地があった。

しかし、ある点、ある鍵になる重大な点が、未解決のままであった。何がそのような進化的な変化の原因となったか。何が種子を食べていたあるフィンチの種を、昆虫を食べる別の種のフィンチにしたのか。ダーウィンはラマルク主義者風の説明（七〇〜七一頁参照）を受け入れることができなかった。ラマルク主義者風の説明では、フィンチは昆虫を食べようと努めた。そしてその嗜好が子孫に伝わり、だんだんそれを食べる能力が増加したという考えである。あいにく、ダーウィンはこれにかわる別の答えをもっていなかった。

それから、英国へ帰って二年目の一八三八年、ダーウィンは四〇年前にイギリスの経済学者マルサス（Thomas Robert Malthus　一七六六〜一八三四年）により書かれた『人口論』という題の本をふとみつけた。この本の中で、マルサスは人口が食物の供給よりつねに早く増加すること、そしてついに人口は飢餓、病気、あるいは戦争によって減少しなければならないことを主張した。

ダーウィンは、すぐにこのことが他のすべての生物にもあてはまらねばならないこと、最初に減らされたのは、食物に対する競争に弱味をもつものであると考えた。たとえば、ガラパゴス諸島における最初のフィンチは初めは抑制なしにふえたに違いない。そして、それが常食にしていた種子の供給を上まわってふえたに違いない。その結果あるものは飢えねばならなくなった。弱いものや、種子をみつけるのにあまり熟達していないものがまず飢えねばならなくなった。しかし、あるものがより大きな種子を食べられるようになったり、より硬い種子を食べられるようになったり、あるいはたまたま昆虫を呑みこむことができると気づいたりしたらどうであろうか。このような異常な能力をもたないものは飢餓によって抑制されるであろうが、たとえ非能率でも、そのような能力のあるものは新しいまだ使われていない食物をみつけ、ついでその新しい食物が減り始めるまで、急速に増殖することができる。

いいかえれば、環境の目にみえない圧力が差違の誘因となり、別の種が形成されるまで違いの上に違いをつみ重ねるであろう。別の種とは、おのおのが他のものと異なり、共通の祖先とも異なる。いわば、自然自身が食物が不足したとき生き残るものを選択し、そのような〝自然選択〟によって、生命は無数の種類に枝分かれしたのであろう。

さらに、ダーウィンは、必要な変化がどのように生じたかをみることができた。彼は人為選択の効果を研究するためにハトを飼い、そして家禽のかわった種類を繁殖させることについてみずから経験した。彼は子のどのグループの中にも互いにまちまちな変異があるのをみた。変異は、大きさ、色彩、能力にみられる。そのような変異を利用し、慎重にそれを繁殖させたり、他のものを抑えたりすることで、何代もかかって、ウシ、ウマ、ヒツジ、ニワトリの改良品種をつくることができる。そして、またイヌや金魚を彼の好みにあった、かわった、おかしい形にかえることもできる。

自然は人間にかわって、自身の目的のためにはるかにゆっくりとはるかに長期間、人間の好みと要求よりもむしろ動物が環境に合うように、同じような選択をすることができなかったであろうか。

ダーウィンは〝雌雄選択〟も研究した。雌が最もきらびやかな雄を受け入れたので、ばかげているといえるほど極端に華美なクジャクの雄が生じた。それから、彼は昔は完全に有用であったことを示す痕跡器官についての資料を集めた（一つの劇的な例として、クジラとヘビはかつてそれらの腰帯や後足の部分を形成していたらしい骨の断片をもっていることから考えると、これらの動物がかつては足で歩いていた生物の子孫に違いないとわれわれに強く信じさせる事実がある)。

ダーウィンは労を惜しまず、物事を完全になしとげる人で、自分の見聞を集め、分類することを果てしなく続けた。一八四四年、ついに彼はその問題について本を書き始めた。しかし、その後一〇年間は、彼の説を徹底的にまた決定的に述べるにいたらなかった。一八五六年になって、とうとう精一杯の努力を始めた。

その間、極東では、もう一人のイギリスの博物学者ウォーレス(Alfred Russel Wallace 一八二三〜一九一三年)もまた、その問題を考えていた。ダーウィンと同じように、彼も生涯の大半を旅についやした。その旅の中には、一八四八年から一八五二年までの南アメリカ旅行が含まれている。一八五四年に、彼はマレー半島と東インド諸島へ航海した。そこで、彼はアジアとオーストラリアの哺乳類にきわだった違いがあることを発見した。晩年、この問題について本を書いたとき、彼はこれらの別々の種が繁殖している土地を分ける線を引いた。その線(今日でも〝ウォーレス線〟とよばれる)は、大きい島のボルネオとセレベスを分け、南では小さい島のバリとロンボクを分ける深い海峡にそって走っている。このことから、動物の種を大きな大陸や大陸をこえたブロックに分けるという考えが成長した。

ウォーレスは、オーストラリアの哺乳類はアジアの哺乳類より原始的であり、有能でなく、両者の間のどんな競争でもオーストラリアの哺乳類が滅びるであろうと思った。オーストラリアの哺乳類が生き残った理由は、オーストラリアとその近くの島々が、より進んだアジアの種が発達するより前に、アジア大陸から分かれたためである。そのような考えは、ウォーレスに自然選択による進化について考えさせた。ダーウィンの場合と同じように、彼もたまたまマルサスの本を読んだとき、この考えがひらめいた。当時ウォーレスは、東インドにいて、マラリアにかかっていた。病気によりしいられた余暇を使って、彼は二日間で彼の理論を書き、ダーウィンに意見を求めるために原稿を送った（彼はダーウィンが同じ問題を研究しているのを知らなかった）。ダーウィンはその原稿を受けとったとき、見解があまりにも重複しているのでびっくり仰天した。ライエルおよび他の人々は、ウォーレスの論文といっしょに出されたダーウィンのいくつかの書き物を編集し、それらは一八五八年に、〝リンネ学会報告〟に発表された。

翌年、ダーウィンは、ついに彼の本『自然選択による種の起源』または、『生存競争における優勢種の保存』を刊行した。この本は、ふつう単に『種の起源』として知られている。

学問の世界はその本を待っていた。一二五〇冊のみ印刷され、発行の最初の日にすべてなくなってしまった。次々と印刷が続けられ、一世紀後の今日でもなお再版されている。

進化をめぐる争い

疑いもなく、『種の起源』は生物学史上最も重要な本であった。自然選択による進化の見地からみると、科学の多くの分野はにわかにより有意義になった。その考えは、分類学、発生学、比較解剖学および古生物学について集められた資料を理論的に説明した。ダーウィンの本によって、生物学は単に事実を集めた以上のものになり、非常に広い有益な理論にもとづく組織的な科学になった。

しかし、ダーウィンの本は多くの人々にとって理解するにはむずかしかった。それは人々が尊敬するいくつかの観念をくつがえした。特に、それは聖書に書かれたことばに対して攻撃し、また神が世界や人間を創造したのではないと示すように思われた。それほど宗教的でない人々の間でさえ、すばらしい生命の世界や人間の奇跡を、目にみえず感じることもできない偶然の産物であるとする考えに、反発する人が多かった。

イギリスにおける、反対説の指導者で動物学者のオーウェン（Richard Owen 一八〇四～九二年）は後者の考えをもつ人であった。彼はキュヴィエの弟子であり、キュヴィエのように化石として残っているものから滅亡した動物を再構成する専門家であった。彼が反対したのは、進化の概念そのものではなく、進化が偶然の機会により生じるという考えであった。彼は内部にある推進力があるという考えを提出した。

ダーウィン自身は自分の学説のために積極的に争わなかった。というのは、彼は論客であるにはあまりにおとなしすぎた（そして、いつも自分が病人だと思っていた）。しかし、イギリスの生物学者ハックスリ（Thomas Henry Huxley 一八二五～九五年）はダーウィンの弁護に立った。ハックスリは論壇で恐れられている人であり、一般向けの科学に関する才能のある若者であった。彼は〝ダーウィンのブルドッグ〟と自称し、進化を他のだれよりも一般人に認めさせた。

ダーウィニズム（ダーウィンの考え方）は、初めはフランスではほとんど進展しなかった。生物学者は数十年間キュヴィエの反進化論の傘下にとどまっていた。しかし、ドイツははるかに実り多い土地であった。ドイツの博物学者ヘッケル（Ernst Heinrich Haeckel 一八三四～一九一九年）は、ダーウィンとともに歩み、わずかに先に進んだ。彼は発生しつつある胚を進化が簡潔にまとめられた映画とみなした。たとえば、哺乳類は原生動物のような単一細胞から始まり、クラゲのような二胚葉の生物になり、ついで原始的な虫のような三胚葉の生物になる。さらに発生すると、哺乳類の胚は原始的な脊髄である脊索を生じ、そしてそれがなくなる。その後、魚のえらの初めと思われるような構造を生じ、そしてそれが消滅する。ヘッケルは、彼より年長の発生学者ベーア（九五頁参照）により激しく反対された。ベーア自身はヘッケルの考えに近づいていたが、ダーウィニズムを受け入れなかった。実際、ヘッケルの考えはあまりに極端であることがわかった。現代の生物学者は、胚の発生を進化の過程をまったく正確で忠実にうつし出したものと認めてはいない。

アメリカ合衆国では、植物学者グレー（Asa Gray 一八一〇〜八八年）がダーウィニズムの最も積極的な代弁者であった。彼自身はたいへん信心深い人であり、無神論者として解雇されるはずがなかったということが彼の見解にさらに力を与えた。彼に反対したのは、スイス系アメリカ人の博物学者、アガシー（Jean Louis Rodolphe Agassiz 一八〇七〜七三年）である。アガシーは化石魚類を徹底的に研究することで科学的な名声を得た。しかし、公衆が知っている彼のさらにめざましい業績は、〝氷河時代〟という概念を普及させたことである。彼は生まれ故郷のスイスのアルプスの氷河をよく知っていた。そして、これらの氷河がゆっくりと動き、それにともなって、下面に埋もれていた小石や岩石の小片が、移動するとき越えていく岩をこすり、けずることを示すことができた。

アガシーは、そのような明らかに氷河でけずられたみぞのある岩を、人間の記憶ではかつて氷河が存在したことがなかった地方で発見した。一八四〇年代に、何千年も前には、氷河が広がっていたに違いないと結論した。一八四六年に彼は最初はおもに講義をする目的で、アメリカ合衆国にきた。しかし北米大陸の自然史に対する興味によって、彼は永久にこの地に留まる決心をした。ここでも、彼は大規模な昔の氷河の跡を発見した。

氷河時代（現在、過去五〇万年ぐらいの間に四つの別々な氷河時代があったことがわかっている）は、ハットンとライエルの極端な均一主義者が正しくないことを意味づけるよい証拠になった。結局、大激変が存在した。たしかに、これらはキュヴィエの説が要求するほど突然で、破壊的で、致命的ではなかったが、それは存在した。彼自身のキュヴィエに近い考えと彼の生まれつきの敬虔な気持ちから、アガシーはダーウィンの説を受け入れることができないと考えた。

人間の進化

当然、ダーウィンの説に関して最もめんどうな点は、それを人間自身に適用することであった。ダーウィンは『種の起源』の中でその点をはぶいたし、自然選択説の共同発見者であるウォーレスは、結局人間自身は進化の力を受けていないと強く主張するようになった（彼は晩年、唯心論者になった）。しかし、進化は不合理であり、ヒトで**ホモ・サピエンス**（ヒトの学名）を除いた他のすべての種におこると考えるのは不合理であり、ヒトでも実際におこったという意味の証拠がゆっくりと集まりつつあった。

たとえば、一八三八年、フランスの考古学者ペルト（Jacques Boucher de Crèvecoeur de Perthes 一七八八〜一八六八年）は北フランスで粗野な斧を掘り出した。その斧はそれが埋まっていた地層の位置から、何千年も昔のものであると判断できる。さらに、それは明らかに人工的なもので、人間によってのみつくることができる。初めて、地球だけでなく人間も、聖書が要求している六〇〇〇年よりもはるかに古いものであるという疑う余地のない証拠ができた。

ペルトは一八四六年に彼の発見を発表し、その本は大騒ぎをおこした。まだ死んだキュヴィエの影響下にあったフランスの生物学者たちは、フランスの考古学者が一八五〇年代にもっと古い道具を掘り上げ始めたにもかかわらず、ペルトの発見に暗に含まれる意味を受け入れることを反対し、拒否した。しかしついに、一八五九年にイギリスの科学者たちがフランスへきて、ペルトが斧を発見した場所を訪れ、彼の考えを支持すると言明した。

四年後に地質学者ライエル（七七頁参照）は、ペルトの発見を証拠に用いて『古代の人間』という本をあらわした。その中で、彼はダーウィンの考えを強く支持しただけでなく、その考えを人間に適用した。ハックスリ（一〇七頁参照）もまたこの問題をとりあげた本を書いた。

一八七一年、ダーウィンは第二の偉大な本『人間の進化』で、公然と人間の進化に賛成する側に加わった。この中で、人間の痕跡器官を進化による変化の証拠をあらわすものと論じた（人体にはいくつかの痕跡器官がある。虫垂はかつて食物の貯蔵に用いられた器官の名残である。そこで、細菌による分解が進行したと思われる。背骨の基部にはかつて尾の一部であった四個の骨がある。耳を動かすことができた祖先から受けついだ耳を動かすための不用の筋肉がある。などなど）。

証拠は間接的なものばかりではなかった。古代人自身が登場してきた。一八五六年にドイツのラインランドのネアンデルタール峡谷で古い頭蓋骨が発掘された。それは明らかに人間の頭蓋骨であったが、ふつうのどんな人間の頭蓋骨よりも原始的で、類人猿に似ていた。それが存在していた地層は数千年前のものであった。たちまち論争がおこった。それは後に現代人へと進化した初期の原始的な人間であるのか、それとも骨の病気をもつか先天的な頭蓋骨の奇形をもつ古い時代のふつうの未開人であるのか。ドイツの医師フィルヒョー（Rudolf Virchow 一八二一〜一九〇二年）は後者を主張した。彼はすぐれた権威者であった。他方、フランスの外科医、ブローカ（Paul Broca 一八二四〜八〇年）は、当時頭蓋骨の構造に関しての最も高名な専門家であったが、現代人が病気でも健康でも、〝ネアンデルタール人〟のような頭蓋をもちえないこと、それゆえネアンデルタール人は現代人といくつかの点でまったく異なった初期の型の人間であると主張した。

問題を解決するには、他の発見が必要だった。人間と類人猿の間の真の中間的なもの、〝ミッシング・リンク（欠けている環）〟の化石を発見することである。ミッシング・リンクは化石の間では知られていないわけではなかった。たとえば、一八六一年に大英博物館は明らかに鳥類であった生物の化石を入手した。というのは、岩に羽の跡があった。しかし、それはトカゲのような尾と歯をもっていた。それで、直ちに鳥類は爬虫類から由来したという可能性を示す最もよい証拠としてとりあげられた。

しかし、特に人類のミッシング・リンクに対する調査は数十年間実を結ばなかった。ついに、オランダの古生物学者デュボア（Marie Eugène François Thomas Dubois 一八五八〜一九四〇年）が成功した。デュボアはミッシング・リンクを発見する望みに燃えていた。彼には、原始的な人間のような生物は、類人猿がまだたくさん棲んでいる地方でみつけられるに違いないように思われた。すなわち、ゴリラとチンパンジーの故郷であるアフリカや、オランウータンや手長ザルの故郷である東南アジアがその地方である。

一八八九年に彼はオランダ政府によってジャワ（当時オランダ領）の化石を研究することを委任され、非常な熱情をいだいてその任務に飛びこんだ。わずか数年間に、彼は頭蓋と大腿骨および疑いもなく原始人類のものである二本の歯をみつけた。頭蓋は現存している類人猿のものより相当大きかったが、なお生きているどの人間のよりも相当小さかった。歯もまた類人猿と人間の中間型であった。デュボアはこれらの骨の残存物をもっていた生物を〝ピテカントロプス・エレクトス〟（直立猿人）と名づけ、一八九四年にその詳細を発表した。

ふたたび大論争がおこった。しかし、他の同様な発見が中国やアフリカでなされたので、いくつかのミッシング・リンクは存在したことが現在知られている。人類の進化、あるいは一般に進化という事実に対するいかなる合理的な疑問も残っていない。多くの進化に反対する考えが二〇世紀にも存在し、実際いくつかは今日でも存在している。しかし、それは大部分聖書のことばを文字どおり主張する正統派キリスト教徒の宗派の人々である。今日感情的に反進化論者であるりっぱな生物学者を想像するのはむずかしい。

進化の支流

たとえ反進化論者が誤りであっても、進化説が適用できない領域に進化説を熱情的にとり入れることも誤りである。イギリスの哲学者スペンサー（Herbert Spencer 一八二〇〜一九〇三年）は、ダーウィンの本が出版される前から進化的な考えをもっていた人であるが、嬉々としてダーウィンの本を利用した。彼はそれに人間の社会と文化に関する自身の考察を加えて、**社会学**の研究の創始者となった。

スペンサーは人間の社会と文化は均一で単純な段階で始まり、現在の多様で複雑な状態へと進化したと考えた。彼は〝進化〟という語（ダーウィンはほとんど用いなかった）と〝適者生存〟という語を一般に普及させた。スペンサーには、個人々は互いに不断に競争し、それにより弱者は押しのけられるように思われた。スペンサーは、このことが進化による進歩に不可避的に伴われると考え、一八八四年に失業者や他の点で社会にとって負担になっている人は、援助と慈善の対象とするよりもむしろ、死なせるべきであると主張した。彼は、親切や情深さは進化による進歩をさまたげ、結局は有害であると主張した。

しかし、これは進化ということばを不適当に用いている。というのは、ダーウィン流の自然選択の機構は長年月を必要とするからである。事実、スペンサーが人間の歴史における急激な変化を正しいと証明できた唯一の方法は、ラマルク（六九頁参照）のやり方にしたがって、獲得形質の遺伝という形を採用したことであった。スペンサーはまた、老人や虚弱者を大切にする社会は、個人々々がその社会をさらに深く愛するので、長続きする価値があるということを無視した。実際、文明の歴史は、狩猟民族や遊牧民の共食い的な個人主義に対して、農業や工業における社会的共同が長期にわたる勝利を得たことを記録している。

それにもかかわらず、スペンサー流の進化思想は歴史に影響を与えた。というのは、第一次世界大戦前の二、三十年間、極端な国粋主義者や軍国主義者たちに、最適のものが生き残ることを保証されるのだから、戦争は〝善〟であると唱える機会を与えてしまった。幸いにも、戦争の卑劣な任務についてのそのような非現実的な幻想はもはや存在しない。

もう一つの論争点はイギリスの人類学者ゴルトン（Francis Galton 一八二二～一九一一年）によりもたらされた。彼はダーウィンの実のいとこであった。ゴルトンは若いころは探検家と気象学者であったが、彼のいとこの本があらわれた後は生物学へ転向した。彼は特に遺伝の研究に興味をもち、一卵性双生児を研究する重要性を強調した最初の人であった。一卵性双生児は遺伝の影響が同じと考えられるので、両者の違いは環境にのみ帰することができる。

一族の中に高い知的能力が生じるのを研究することによって、ゴルトンは知的能力が遺伝するという見解に有利な証拠を提出できた。それによって、彼は、望ましくない形質も民族の中に生じるが、人間の知的能力や他の望ましい形質は適切な婚姻によって強めることができると考えた。一八八三年、最良の人を生じる方法の研究に対して〝優生学〟(ギリシャ語の〝よい誕生〟の意味)という名を与えた。遺言によって、彼は優生学の研究に専念する研究所を設立するのに使うための遺産を残した。あいにく、遺伝のしくみに関する知識が多く集まるにつれて、生物学者は選択的な交配による民族の改良(いわゆる合目的進化)が簡単な問題であるという自信をだんだんなくしていった。事実、それは非常に複雑な問題であることは確からしい。優生学は生物学の正統なものとして残っている一方、最も俗悪ないわゆる優生学者も、一人よがりの民族主義の宣伝をするために科学のことばを用いる非科学者の小さいグループの中にいる。

第七章　遺伝学の始まり

ダーウィン説の欠陥

進化説がなぜああも気楽に適用を誤ってしまったのかという理由は、遺伝のしくみの理屈が一九世紀にはわかっていなかったことによっている。スペンサーは人間の行動が急に変化すると想像することができ、ゴルトンは選択的な交配によるすみやかで簡単な計画によって民族を改良できると想像することができた。しかし、彼らも一般の生物学者たちと同じように無知であった。

実際、遺伝のしくみの理屈を理解していなかったことがダーウィン説の最もみじめな弱点であった。簡単にいうと弱点は次のようである。ダーウィンはいかなる種の子の間にも連続的で任意な変異があり、ある変異は他の変異よりもその動物を環境によく適するようにするのであろうと考えた。たまたま最も長い首をもった若いキリンは、一番よくえさをとることができるであろう。

しかし、その最も長い首が次代へ伝わるのは確かであろうか。そのキリンが首の長い配偶者をみつけることはあまりありそうにない。短い首のをみつけることのほうがありそうである。動物の育種についてのすべてのダーウィンの経験は、極端なもの同士が交配されると形質の混合がおこると彼に思わせた。それで、長い首のキリンが短い首のキリンと交配すると、中間の長さの首をもつキリンの子が生まれるであろうと考えた。

いいかえれば、任意の変異によってつくり出された有益な、環境によく適した形質はすべて、平等で任意な交配の結果、区別のできない中間のものに平均化されてしまうであろう。進化的な変化をもたらすように自然選択がはたらきかけることができる何ものもないであろう。

何人かの生物学者がこれを説明しようと試みたが、たいして成功しなかった。スイスの植物学者ネーゲリ（Karl Wilhelm von Nägeli 一八一七〜九一年）はダーウィンの説の熱烈な支持者であったが、この困難を知っていた。それゆえ、彼は進化的な変化を一定の方向に向けるある内的な圧力があるに違いないと考えた。

ウマは化石の証拠から知られるように、それぞれの足に四つずつのひづめをもったイヌぐらいの大きさの生物の子孫である。時代とともに子孫はしだいに大きくなり、一つ一つひづめを失って、現在の大きい、一つのひづめのウマに進化してきた。ネーゲリは、ウマを継続して大型化し、足の指を少なくする方向に進化させる内にある推進力が存在し、これはウマがあまりに大きく不恰好になって自分自身に害になるところまで続けられるであろうと考えた。そして敵から逃げることができなくなり、しだいに数が減り、絶滅してしまうであろう。

この説は、〝定向進化説〟とよばれ、現在の生物学者には受け入れられていない。しかしながら、ネーゲリの心の中にその考えが存在したことは、次に述べるように思わぬ有害さを示した。

メンデルのエンドウ

現在受け入れられているこの問題の解決は、オーストリアの修道士でアマチュアの植物学者であるメンデル（Gregor Johann Mendel 一八二二～八四年）の研究によりなされた。メンデルは数学と植物学の両方に興味をもち、二つを結び合わせて、一八五七年から八年間エンドウを統計的に研究した。

彼は注意深くさまざまのエンドウを自家受粉させ、この方法でいかなる形質でも遺伝するのであれば、その形質は一組の親からのみ受けつがれることを確かめた。彼は一つ一つ自家受粉によってつくり出した種子をたくわえておき、それらを互いに区別してまき、新しい世代を調べた。

彼は、丈の低いエンドウからとった種子をまくと、丈の低いものだけが出ることをみつけた。二代目のエンドウからとった種子もまた丈の低いものだけであった。丈の低いエンドウは〝純粋に繁殖する〟。

丈の高いエンドウからの種子はこれと同じようにふるまうとは限らない。ある丈の高いエンドウ（彼の庭の中の丈の高いものの三分の一）は、純粋にふえて、代々丈の高いもののみをうみ出す。しかし、その残りはそうではない。これら他の丈の高いものからのある種子は、高いものをうみ出し、他のものは低いものをうみ出した。これらの種子からできた丈の高いエンドウは、丈の低いもののつねに約二倍あった。明らかに、二種類の丈の高いエンドウがあり、純粋なものとそうでないものとがある。

メンデルはさらに研究を進めた。彼は丈の低いものと丈の高い純粋なものとを交配し、その結果できる雑種はすべて丈が高いことを見出した。丈の低い性質は消えてしまったように思われた。

次に、メンデルは一つ一つの雑種を自家受粉させ、その種子から出てくる植物について調べた。すべての雑種は純粋な繁殖をするのではなかった。それらの種子の約四分の一は丈の低いものになり、四分の一は純粋な丈の高いものに、残りの半分は純粋でない丈の高いものになった。

メンデルは、これらすべての事実を、おのおののエンドウは丈の高さのような一定の形質に対して二つの因子をもつと仮定することで説明した。植物の雄からくるものはその一つをもち、雌からくるものが他の一つをもつ。受粉によって、二つの因子は結合し、新しい世代は一対の因子（もしそれらが二本の植物の交配によってつくられたものならば、おのおのの親から一つずつつくる）をもつ。丈の低いものは、〝丈の低い因子〟のみをもっている。そして、それら同士を交配しても、自家受粉しても、ただ丈の低いものだけを生じる。純粋な丈の高いものも〝丈の高い因子〟のみをもち、その因子が結びつくと丈の高いものだけを生じる。

もし純粋な丈の高いものと純粋な丈の低いものとを交配すると、〝丈の高い因子〟は〝丈の低い因子〟と組み合わされ、次の代には雑種を生じる。それらはすべて丈の高いものになるであろう。なぜなら、丈の高いものは〝優性〟で、〝丈の低い因子〟のはたらきをおさえるからである。しかし、〝丈の低い因子〟はまだ存在し、消失したのではない。

もしそのような雑種が互いに交配されるか、自家受粉されると、それらが純粋でないことがわかる。なぜなら、それらはさまざまな方法で（機会にのみ左右される）組み合わされうる両方の因子をもっているからである。〝丈の高い因子〟が他の〝丈の高い因子〟と組み合わされると、純粋な丈の高いものができる。これは四分の一の割合で生じる。〝丈の低い因子〟が他の〝丈の低い因子〟と組み合わさると丈の低い植物が生じる。これもまた四分の一の割合でおこる。残りの半分の場合は、〝丈の高い因子〟が〝丈の低い因子〟と、あるいは〝丈の低い因子〟が〝丈の高い因子〟と組み合わさり、純粋でない丈の高いものを生じる。

メンデルは、丈の高さ以外の形質の遺伝も同様な説明をすることができることを示した。彼が研究した形質のおのおのの組で、二つの対立するものを交配したとき、中間のものを生じることはなかった。おのおのの形質は変化しなかった。もし一つの世代であるものが消えても、次の世代でそれが出現した。

これは進化説への重要な鍵であった（メンデルは彼の考えを進化説に適用しようとは思わなかったが）。なぜなら、この考えは時の流れとともに種に生じた任意の変異は、結局平均化されるのではなく、自然選択がその変異を利用するまであらわれたり、消えたりすることを繰り返すという意味をもつからである。

任意な交配によって中間のものがあらわれるようにしばしば思われる理由は、植物や動物の養育者によって偶然に観察されたほとんどの〝形質〟が、多くの形質が組み

T – 丈の高いもの
d – 丈の低いもの
Td – 雑種の丈の高いもの

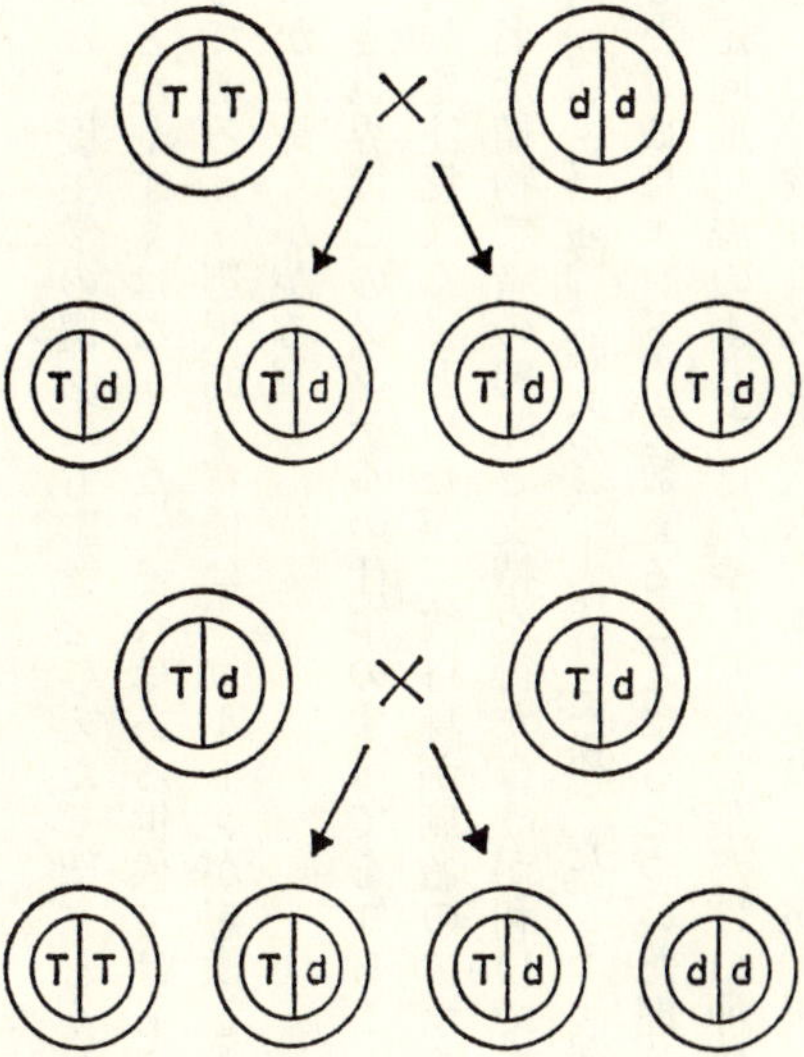

図３　丈の高いエンドウと丈の低いエンドウを使ったメンデルの研究を図示したもの。

上の図は、純粋な丈の高いものと、純粋な丈の低いものとの交配を示し、結果は雑種（不純なもの）の丈の高いものを生じる。下の図は、雑種の丈の高いもの同士の交配を示し、結果は純粋な丈の高いもの、純粋な丈の低いもの、雑種の丈の高いものが１：１：２の比になる。

合わさったものであるからである。異なった因子は独立に遺伝し、おのおのは○×式で遺伝する。その結果、いくつかの○といくつかの×の全体の合計が中間型を与えるのである。

メンデルの発見は、優生学の概念にも影響を与えた。望ましくない形質を根絶するのは人が考えるほどたやすくはなかった。それはある世代ではあらわれないが、次の世代で突然生じるであろう。選択的な育種は、ゴルトンが想像したよりもはるかにとらえにくく、はるかに長くかかる。

しかし、そのとき世界はこのメンデルの仕事のすべてを知ることができなかった。メンデルは彼の実験を注意深くまとめたが、彼自身が無名のアマチュアであるという立場を考えて、有名な植物学者の興味と支持を得たほうが利口であると考えた。それで一八六〇年代の初めに、彼は論文をネーゲリに送った。ネーゲリはその論文を読み、冷淡に批評した。彼はエンドウを数えることにもとづいた理論に感銘を受けなかった。彼は自身の定向進化説のようなぼんやりした言葉だけの神秘主義を好んだ。メンデルは落胆した。彼は論文を一八六六年に発表したが、研究は続けなかった。

さらに、ネーゲリの支持を受けなかった論文は、無関心で気づかれないままにされた。メンデルはわれわれが現在**遺伝学**（遺伝のしくみを研究する学問）とよぶものを確立した。しかし、彼も他の誰もその当時このことを知らなかった。

突然変異

一九世紀後半に、進化に関連して他の問題が生じてきた。地球の歴史の長い時間目盛りが、物理学の新しい知見の結果、はるかに短いものであると突然考えられるようになった。エネルギー保存の法則がいわれるようになって、太陽のエネルギーがどこから生じるのかが問題になった。その当時、放射能や核エネルギーについて何もわかっていなかったので、一九世紀におけるすべての説明は、太陽が現在の状態で多くても数千万年以上も存在したということを説明するのには不適当であった。

これでは、ふつうのダーウィン流に進む進化に対しては時間が短すぎた。そして、ネーゲリやケリカーのようないく人かの生物学者は進化は急激な変化によっておこるのではないかと考えた。短い時間目盛りは間違っていることがわかり、しまいには進化についやされる時間を切りつめる必要がまったくないようになったけれども、急激な変化によって進化がおこるという提案は有利であることが証明された。

オランダの植物学者ド・フリース（Hugo de Vries 一八四八〜一九三五年）は急激な変化による進化を考えた人々の一人であった。彼は、荒れた草地にはえているアメリカ産のマツヨイグサをふとみつけた。この植物はいく年か前にオランダに輸入されていたが、ド・フリースの植物学的観察は、これらのマツヨイグサのあるものが、おそらく他のものと同じ大もとの植物の子孫であると思われるのに、外観がかなり異なっていることをみつけた。

彼は自分の庭にそれらをもち帰り、別々に繁殖させ、しだいにメンデルが一時代前に得たと同じ結論に達した。さらに、ときどき他のものと著しく異なった植物の変異があらわれ、そしてこの新しい変異は次の世代へと受けつがれていった。ド・フリースはそのような突然の変化を〝突然変異〟(mutation——ラテン語の〝変化〟という意味の語)とよんだ。そして、彼の目の前で、急激な変化による進化が行われていることを知った(実際はマツヨイグサが示した突然変異は、遺伝因子自身の本当の変化によるのではない、むしろ単純な突然変異であった。まもなく、遺伝因子の変化による真の突然変異が研究されるようになった)。

この種のものは、牧夫や農夫にはつねによく知られていた。彼らは〝奇型〟あるいは〝変種〟をしばしばみていた。ある変種は利用されることさえあった。たとえば、短脚のヒツジ(突然変異)は一七九一年ニューイングランドであらわれた。それは低い囲いでさえ飛び越えられないほど短い脚をしているので、利用価値があり、繁殖され、保存された。しかし、牧夫はふつう自分たちの観察から理論的な結論を引き出したりしないし、科学者はふつう牧畜の技術に関係したりはしない。

しかし、ド・フリースにおいて、現象と科学者がついに出会った。彼が自分の発見を発表する用意が整った。一九〇〇年に、その問題の先人の仕事を照合していると、メンデルの三四年前の古い論文が彼の目につき、驚いた。

ド・フリースも知らず、またお互いに知らなかった他の二人の植物学者、コレンス（Karl Erich Correns　一八六四～一九三三年）とオーストリア人、チェルマック（Erich Tschermak von Seysenegg　一八七一～一九六二年）が、同じ年に、ド・フリースの結論と非常に類似した結論に達した。彼らはおのおのその問題について以前に書かれたものを調べ、メンデルの論文を見つけた。

この三人、ド・フリース、コレンスおよびチェルマックは、彼らの研究を一九〇〇年に発表した。そして、この三人がおのおのメンデルの仕事を引用し、自分自身の仕事を単にメンデルの仕事を確認したものとしてあげた。それゆえ、われわれはこれをメンデルの遺伝の法則とよんでいる。ド・フリースの突然変異の発見と、これらの法則の組み合わせは、変異がどのように生じ、保存されるかを述べている。ダーウィンの初めの説の欠陥はこうして除かれた。

染色体

メンデルの法則は一八六六年よりもむしろ一九〇〇年に重要な意味をもった。なぜなら、その間に重要な新しい発見が細胞に関してなされたからである。

一八世紀と一九世紀の初めに細胞を観察した人々は、進歩した顕微鏡を使っても、たいして多くのものを観察しなかった。細胞はほぼ透明で、その中味も同様に透明である。その結果、細胞は多かれ少なかれ形のはっきりしないしずくのようで、生物学者はその全体の大きさと形を記載することで満足しなければならなかった。ある人はたまたま密度が濃い部分を中央付近にみつけた（今日では〝細胞核〟とよばれている）。しかし、これを細胞につねに存在するものとして認めた最初の人は、スコットランドの植物学者、ブラウン（Robert Brown　一七七三〜一八五八年）で、彼はこのことを一八三一年に示した。

七年後、シュライデンが細胞説を唱えたとき（九三頁参照）、彼は細胞核がかなりの重要性をもつと考え、核が細胞の増殖に関係し、新しい細胞は核の表面からでき始めると考えた。一八四六年に、ネーゲリはこれが間違っていることを示した。しかし、シュライデンの直観は彼をまったく迷路へ連れこんだのではなかった。核は細胞の増殖に関係していた。しかし、この関係についての詳しい知識を得るには、細胞の内部をみるための新しい技術を待たねばならなかった。

この技術は有機化学の方法によりもたらされた。ベルテロを先がけとして、有機化学者たちは天然に存在しない有機化合物をつくる方法を学んだ。これらの多くは、はでな色がついていた。一八五〇年代に巨大な〝合成染料〟工業が始まった。

もし細胞の内部が異質であるならば、ある部分が特定の化合物と反応し、それを吸収するが、他の部分はそれと反応しないことがおこる。化合物が染料なら、細胞のある部分には色がつき、他の部分は無色のままであろう。以前にはみえなかった細かい部分が、そのような〝色素〟のおかげでみえるようになる。

多くの生物学者がこの方法で実験し、きわだって成功をおさめた人の一人にドイツの細胞学者、フレミング（Walther Flemming 一八四三〜一九〇五年）がいる。フレミングは動物の細胞を研究し、核の中に彼が用いた色素を強く吸収する物質が散らばっているのをみつけた。それらは、他の色のない背景に対して、はっきりときわだってみえた。フレミングはこの色素を吸収する物質に〝染色質〟（chromatin――ギリシャ語の〝色〟という意味の語に由来する）と名づけた。

フレミングが成長しつつある組織の切片を染色したとき、もちろん細胞は死んだが、おのおのの細胞でさまざまの分裂の段階がみられた。一八七〇年代に、フレミングは細胞分裂の進行にともなう染色質の変化を研究した。

彼は、細胞分裂が始まるにつれて、染色質が短い糸状の物体に合体していくのをみつけた。その物体は後に〝染色体〟（〝色のついた物体〟）とよばれるようになった。これらの糸状の染色体が細胞分裂の特徴であるので、フレミングはその過程を〝有糸分裂〟（mitosis——〝糸〟を意味するギリシャ語に由来する）と名づけた。

有糸分裂の始まりに生じるもう一つの変化の中に〝星状体〟（aster——〝星〟を意味するギリシャ語に由来する）がある。このものは、星から発する光線のようにそれから放射状に発する細い糸によって囲まれた小さな点状のものなので、その名がついた。星状体は分裂し、二つの部分に分かれ、細胞の反対側に移動する。星状体同士の間に細い糸がかけわたされ、それらは細胞の中央の面にそって集まっている染色体にからんでいるようにみえる。

細胞分裂の決定的な瞬間に、おのおのの染色体はその複写をつくる。二重の染色体は引き離され、一対の片方の染色体は細胞の一端へ移動し、もう一方の染色体は細胞の他方へ移動する。次に細胞が分裂し、中間に新しい膜ができる。かつて一つの細胞であったところに、二つの嬢細胞（じょうさいぼう）ができ、そのおのおのは母細胞に初めに存在してい

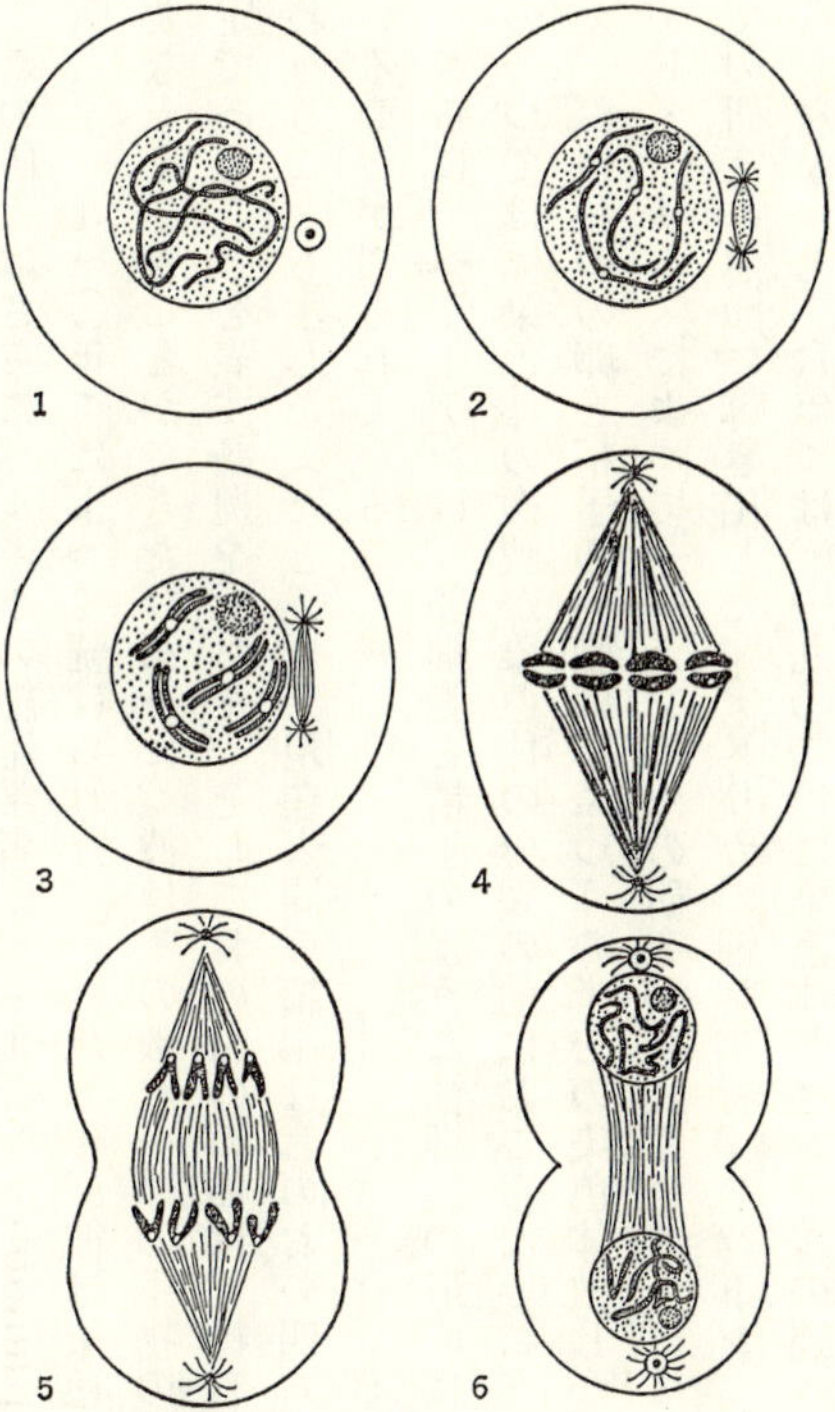

図4　有糸分裂の過程。（1）有糸分裂の最初の段階の核内に、染色体が形成された。（2）染色体は二つの等しい半分にさけ始め、星状体（核の外側の小さい白い環）が細胞の反対側に広がる。（3）染色体は二重になったが、中心でくっついたままになっている。（4）染色体が一線に並び、星状体は反対側の極に移動している。（5）星状体が染色体を離すように引っぱる。（6）細胞が伸び始め、ついに最初の段階で母細胞にあったと同量の染色質とそれぞれ一つの核をもつ等しい細胞を形成する。

たのと同量の染色質（染色体の二重化のおかげで）をもっている。フレミングはこれらの発見を一八八二年に発表した。

この研究はさらにベルギーの細胞学者、ベネーデン（Edouard van Beneden 一八四六～一九一〇年）によって続けられた。一八八七年、彼は染色体に関して二つの重要な点を示すことができた。第一に、彼はその数が一つの生物のいろいろな細胞で一定であることを表す証拠を示した。そしておのおのの種は、特有の数をもつように思われることも示した（たとえば、現在人間の細胞はおのおの四六個の染色体をもっていることが知られている）。

さらに、ベネーデンは、卵細胞と精子のような性細胞の形成においては、細胞分裂の一つでは、染色体の複製が染色体の分裂の前におこらないことを発見した。それゆえ、おのおのの卵と精子の細胞は、ふつうの半分の染色体数しか受けとらない。

ド・フリースによって一度メンデルの研究が発表されると、すべての染色体についての研究は急激に輝き出した。アメリカの細胞学者、サットン（Walter S. Sutton 一八七六～一九一六年）は、一九〇二年に染色体がメンデルの述べた遺伝因子と同じような行動をとることを指摘した。おのおのの細胞は、きまった数の染色体対をもっている。これらは、細胞から細胞へからだの形質をつくり出す能力を運ぶ。なぜなら、おのおのの染色体は新しい細胞をつくるために、それ自身の複製をつくる。

おのおのの細胞分裂で、染色体数は精密に保持される。おのおのの染色体は新しい細胞をつくるために、それ自身の複製をつくる。卵細胞（あるいは精細胞）がつくられるとき、おのおのはふつうの染色体数の半分（それぞれの対の片方）しか受けとらない。精子と卵が結合して受精卵がつくられると、染色体の正しい数が回復する。受精卵は独立して生活する生物をつくるために分裂を重ねるが、染色体数もまた精密に保持される。しかし、新しい生物体の中で、おのおのの染色体対の片方は卵細胞経由で母親から、もう一方は精細胞経由で父親からきたものである。各世代で染色体が混ざりあうことは、初め優性の形質によってかくされていた劣性の形質に光をあてることになる。つねに新しい結合がさまざまな形質の変異をつくり出し、その変異に自然選択がはたらくことができる。

二〇世紀が始まったころ、進化と遺伝の分野はある種のクライマックスに達した。しかし、これは新しい、さらにめざましい発展への前奏曲でしかなかった。

第八章　生気論の衰微

窒素と食物

自然選択によるダーウィンの進化説は、人類の安定した信念の多くを動揺させたけれども、それは正しくみれば、生物の驚異を増した。生物は非常に簡単なものから、より複雑でより有能なものになるまで、絶えず環境の抑圧のもとで闘った。これと比較できるものは、無生物の変化しない世界には何もない。なるほど山は新しくできたかもしれないが、それは別に新しいことではなく、永劫（えいごう）の昔から他の山々がすでにあった。これに対して生物はつねに新しく、つねに異なっていた。

それゆえ、ダーウィンの説は、一見して、生気論に有利であり、人間の心に投げかけられた生物と無生物の間に大きな壁があるという考えにとっても有利であると解釈された。実際、一九世紀の後半に、生気論は新たな流行の頂点に達した。

一九世紀の生気論に対する大きな脅威は、有機化学者たちによってなされた進歩の中にあった（八六～八九頁参照）。しかし、これに対して、生気論者たちはタンパク質分子を楯とした。そして、その世紀のほとんど終わりまで、その楯は堅固なものであった。一九世紀の生化学は、ほとんどそのタンパク質分子に関係があるものであった。

生物に対してタンパク質が重要であることは、フランスの生理学者、マジャンディー（François Magendie 一七八三〜一八五五年）によって初めて明らかにされた。ナポレオン戦争によりもたらされた経済の変動は、食物が欠乏する時代をもたらし、貧困の状態はふだんよりずっと悪くなった。政府は国民の状態について責任を感じ始め、マジャンディーを頭にして、ゼラチンのような安くて有用なものから栄養に富んだ食物がつくりうるかどうかを研究するように命令した。

マジャンディーは、一八一六年にタンパク質を含まないえさ、砂糖とオリーブ油と水のみを含むものを与えてイヌを育て始めた。イヌは餓死してしまった。カロリーのみでは十分でなく、タンパク質は食物に不可欠の成分であった。さらに、すべてのタンパク質が同じように有用ではなかった。不幸にもゼラチンのみがえさの中のタンパク質であるときも、イヌは死んでしまった。こうして、食物およびそれに生命や健康の関係を研究する新しい**栄養**の科学の基礎ができた。

タンパク質が炭水化物や脂質と違うのは、前者は窒素を含み、後者は窒素を含まないことである。こういうわけで、生物の不可欠な成分として窒素に興味が集中した。フランスの化学者、ブサンゴー（Jean Baptiste Boussingault 一八〇二～八七年）は、一八四〇年代に植物の窒素要求を研究し始めた。彼は、マメ科植物（エンドウ、ソラマメなど）のようないくつかの植物は、窒素を含まない水をかけてやっても窒素のない土地で容易に生長できることを発見した。それらは生長できるばかりでなく、窒素の含有量が確実に増加した。彼が達しえた唯一の結論は、これらの植物が空気から窒素を得ていることであった（われわれは、現在、このはたらきをするのはその植物自身ではなくて、根の根粒の中で成長するある種の〝窒素固定細菌〟であることを知っている）。

しかし、ブサンゴーは、動物は空気から窒素を得ることができず、食物からのみ得ることができるのを示そうとした。彼はマジャンディーのかなり定量的な研究を、実際にある食物の窒素含量を分析したり、窒素含量と成長速度を比べたりすることにより強めた。もしある一つの食物が窒素源として用いられたならば、直接の関係（窒素量と成長速度の）があった。しかし、一定の窒素含量で成長をもたらすのに、ある食物は他の食物よりも有効であった。結論は、あるタンパク質はからだに対して栄養的に他のタンパク質よりも有用であるということだけであった。これに関する理由は、その世紀の終わりまではっきりしなかったが、一八四四年頃、ブサンゴーは、純粋に経験にもとづいて、いろいろな食物のタンパク源としての相対的な有用性を記録した。

このことはドイツの化学者、リービッヒ（Justus von Liebig　一八〇三〜七三年）によりさらに進められた。彼は、次の一〇年間にこの種の詳細な表をつくった。リービッヒは機械論の方向の勉強をよくし、この見解を農業の問題にあてはめた。彼は、何年か耕作した後の土地がやせる理由は、土の中にある植物の生長に必要なある無機物がしだいに消費されてしまうためであると信じた。植物の組織は、少量のナトリウム、カリウム、カルシウムおよびリンを含み、それらは土中の植物が吸収できる水溶性の化合物に由来せねばならない。動物の排出物を加えると土地が肥沃になることはずっと昔からわかっていたが、リービッヒはこれは土壌に〝活力のある〟何物かを加えるということではなく、単に土壌からとりさられてしまうものを補充するために排出物内の無機成分を加えることなのだとみなした。なぜ、純粋で、清潔で、無臭の無機物それ自体を加えないのだろうか、なぜ、排出物をとり扱う必要をなくそうとしないのだろうか。

彼は初めて化学肥料で実験した。最初は失敗した。その理由は、彼がある種の植物は空中から窒素を得るというブサンゴーの発見にあまりに頼りすぎたためである。リービッヒが結局、大部分の植物は窒素を土の中で水溶性の窒素化合物（〝硝酸塩〟）から得ることに気がついたとき、これらを彼の混合物に加え、役に立つ肥料をつくり出した。このような研究の間に、ブサンゴーとリービッヒは**農芸化学**の基礎を築いた。

熱量測定

すぐれた機械論者としてのリービッヒは、炭水化物と脂質は、ちょうどたき火のまきのように、からだの燃料であると考えた。この考えは、半世紀前のラボアジェの見解（八〇〜八一頁参照）をさらに進歩させた。当時、ラボアジェは炭素と水素のみについて述べたが、今度はさらにくわしく炭素と水素（加えて酸素）よりつくられた炭水化物と脂質について述べることができた。

リービッヒの考えは、体内でそのような燃料から得られる熱量が、体外でふつうのやり方で炭水化物と脂質を単純に燃焼したとき得られる熱量と同じであるかどうかを決めようとする実験を推進した。ラボアジェの粗末な実験は、その答えが〝イエス〟であることを示した。しかし彼の時代以後技術が改善され、今やもっと厳密に解答を出すことが必要となった。

有機化合物を燃焼して放出する熱量を測る装置は一八六〇年代につくられた。ベルテロ（八五頁参照）は、そのような装置（〝熱量計〟）を非常に多種類の反応によりつくられた熱の測定に用いた。ベルテロが用いたようなふつうの熱量計では、燃焼性の物質は密閉した容器の中で酸素と混合され、その混合物が熱した電線によって爆発的に燃やされる。容器は水を入れた容器で囲まれている。水は燃焼で生じた熱を吸収し、水温の上昇から、放出された熱量を決めることができる。

生物によって生じる熱を測定するためには、熱量計はその生物を入れておくのに十分な大きさでなければならない。その生物が消費する酸素と生産する二酸化炭素の量から、〝燃えた〟炭水化物と脂質の量が計算できる。生じた体熱はまわりにある水の温度の上昇によって測定できる。その熱は、炭水化物と脂質の同量を体外でふつうに燃やして得られる熱量と比べることができる。

リービッヒの弟子であった、ドイツの生理学者、ヴォイト（Karl von Voit 一八三一～一九〇八年）は、ドイツの化学者、ペッテンコッフェル（Max von Pettenkofer 一八一八～一九〇一年）といっしょに、動物や人間ですら入れることができる大きな熱量計を設計した。彼らが行った測定は、生物組織は無生物界で用いられるもの以外のエネルギー源は何ももたないらしいことを、ほぼたしかにしたように思われた。

ヴォイトの弟子、ルーブナー（Max Rubner 一八五四〜一九三二年）はその問題をさらに研究し、何の疑問も残さないようにした。彼は、タンパク質について炭水化物や脂質と同様な結論を引き出すために、尿や排出物の窒素含量を測定し、また彼が動物を飼育するときに使った食物を注意深く分析した。一八八四年までに、彼は炭水化物と脂質のみがからだの燃料ではないことを示すことができた。タンパク質分子もまた窒素を含む部分が奪い去られた後に、燃料として役立つことができる。タンパク質が燃料であることを認めることにより、ルーブナーは彼の測定をさらにずっと精確にすることができた。一八九四年までに、彼はからだが食物からつくり出すエネルギーは、それらの食物が火の中で燃やされたときに生じるのと精確に同じであることを示すことができた。（尿と排出物中のエネルギー含量が考慮されれば）エネルギー保存の法則は、無生物界と同様に生物界でも支持され、この点では少なくとも生気論が入る余地はなかった。

これらの新しい測定は医学の研究にも役立った。ドイツの生理学者、マグヌス・レヴィ（Adolf Magnus-Levy 一八六五〜一九五五年）は、一八九三年より始めて、人間のエネルギー生産の最小率（〝基礎代謝率〞すなわち〝BMR〞）を測定した。そして、それが甲状腺を含む病気の場合に大きく変化することを発見した。それ以後、B

MRの測定は一つの重要な診断法となった。

しかし一九世紀後半の熱量測定の進歩は、まだ触れられていない生気論の核心を残していた。人間と彼がその上に立っている岩とはともに物質からできているが、それらの物質の形の間に越えがたい一線がある。――第一は有機物対無機物、それがだめなら、タンパク質対非タンパク質。

発　酵

同様に、利用しうる全エネルギーは生物と無生物について同じであるかもしれないが、そのようなエネルギーを有用にする方法の間に越えがたい一線がある。

体外での燃焼は多量の熱と光を伴う。それは激しく速やかに進行する。しかしながら体内の食物の燃焼は何の光も出さず、わずかの熱しか出ない。からだはおだやかな三七度に保たれ、その中での燃焼はゆっくりと、完全な統制のもとで進行する。実際、化学者が生物組織に特異的な反応を再現しようとするとき、一般に激烈な方法、すなわち多量の熱、電流、強い化学物質を用いなければならない。生物の組織はこれらのどれも必要としない。

これは根本的な違いではないだろうか。

リービッヒはそうではないと主張し、発酵を例にあげた。有史以前より、人類は果物の酒をつくるために果汁を発酵させ、またビールをつくるために穀物を漬けた。彼らは〝パン種〟(leaven) すなわち酵母 (こちらのほうがよく使われるが) を、生パンに泡を立たせ、やわらかく、おいしいパンをつくるのに用いた。

これらの変化には有機物が関係する。砂糖あるいはデンプンはアルコールにかえられる。この反応は生物組織内の反応と似ている。しかし、発酵には強い化学物質や激しい方法は関係がない。それは、室温で、静かにゆっくりと進行する。リービッヒは、発酵は生物を含まない純粋な化学的な過程であると述べた。彼は、発酵は生物がなくても、生物風におこすことができる変化の例であると主張した。

確かに、レーウェンフックの時代 (五三頁参照) 以来、酵母は小球よりなることが知られていた。その小球は生命の明らかな特徴を示さなかった。しかし、一八三六年と一八三七年にシュヴァン (九三頁参照) を含む数人の生物学者は、それが発芽しているようすをみつけた。新しい小球はつくられつつあり、そしてこのことは生物であることを確かに示すように思われた。生物学者たちは、酵母細胞について論じ始めた。しかし、リービッヒはそれを認めなかった。彼は酵母の生きていることを認めなかった。

フランスの化学者、パスツール（Louis Pasteur 一八二二〜九五年）は恐るべきリービッヒに反対するのに立ち上がった。一八五六年に、彼はフランスのブドウ酒産業の指導者たちの会議によばれた。ブドウ酒やビールは古くなるとしばしばすっぱくなり、その結果数百万フランが失われた。化学者ができることが何かないだろうか。

パスツールは顕微鏡で調べ、すぐにブドウ酒やビールが適当に古くなると、その中に微細な球状の酵母細胞が含まれていることをみつけた。ブドウ酒やビールがすっぱくなると、中にある酵母の細胞は長くなった。明らかに、酵母に二つの型があった。すなわち、一つはアルコールをつくり、もう一つはさらにゆっくりとブドウ酒をすっぱくする。ブドウ酒をおだやかに熱すると、酵母細胞は死に、その変化はとまるであろう。もしこれを適当な時期すなわちアルコールがつくられた後で、すっぱくなり始める前に行ったならば、すべてはよくなるであろう。そして、まったくそのとおりであった！

その過程で、パスツールは二つの点をまったく明白にした。第一に、酵母細胞は生、き、て、い、たということ、なぜならおだやかに熱するとそれが発酵を行う能力がこわされてしまったから。細胞はまだそこにあった。細胞はこわれなかったが、その中にある生命のみが失われた。第二に、死んだ細胞でなく、生きている細胞だけが発酵を行いえた。彼自身とリービッヒの間の論争は、パスツールと生気論の明白な勝利で終わった。

パスツールは、自然発生に関係した有名な実験を続けた。自然発生の問題については、スパランツァーニの時代（六一頁参照）以来生気論者の立場が強固となっていた。自然発生に有利な聖書に書いてある証拠は今や効果が減ってしまい、宗教の指導者たちは生物の形成は神のみができるという理由で自然発生の反証を歓迎した。ある場合熱情的に自然発生を支持したのは、一九世紀半ばの機械論者であった。

スパランツァーニは、肉汁が滅菌され、汚染しないように密閉されると、その中に生物は発生しないことを示した。その当時反対した人々は、熱が密閉した容器の空気の中にある〝活力のもと〟をこわしてしまったと主張した。それゆえ、パスツールはふつうの加熱されない空気が肉汁から逃げないような実験を計画した。

一八六〇年に、彼は肉汁を煮沸し、滅菌した。そして、それをふつうの大気に開けたままにしておいた。しかし、S字形の長い、狭い首が横についていて、そこが空中に開いていた。加熱しない空気がこうして自由にフラスコ内に入りこむことができるが、すべてのちりの粒はS字形の底に落ちて、フラスコに入らなかった。

このような状態のもとでは、肉汁にはどんな生物も発生しなかったが、そのS字形の首をとってしまうと、すぐに汚染した。空気を加熱したかしないかの問題はなく、〝活力のもと〟がこわされたか、こわされないかの問題もなかった。それらのいくつかが空中に浮遊している微生物よりなるちりの問題であった。もしこれらのちりが肉汁の中に落ちるとそれらは成長し、増殖した。それが落ちなければ、成長も増殖もしなかった。

ドイツの医師、フィルヒョー（一一二頁参照）は、これに彼自身の観察を加えた。一八五〇年代に、彼は病気にかかった組織を徹底的に研究し（それゆえ、彼は病気の組織を研究する**病理学**の近代科学的研究の祖と考えられる）、細胞説がふつうの組織と同様に病的な組織にもあてはまることを示した。

彼が示した病的組織の細胞は、ふつうの組織のふつうの細胞に由来したものであった。突発や断絶もなく、いかなる場所からも異常な細胞が突発することはない。一八五五年、フィルヒョーは、細胞説に関する彼の考えを、簡潔なラテン語のことばに要約した。それは、〝すべての細胞は細胞から生じる〟と翻訳することができる。

このように彼とパスツールはともに、すべての細胞はそれが独立した生物であろうと多細胞生物の部分であろうと、すでに存在する細胞に関係があることを完全に明らかにした。生物は無生物から永遠にとりかえしのつかぬほどへだてられているようには決して思えなかった。生気論がそんなに強いようにも決して思えなかった。

酵素

しかし、もし生物が無生物界では行うことができない化学的な手練をなすことができるならば、それはある物質による方法でなされねばならない（超自然的なものに依存しようと望まない限り、そして一九世紀の科学者たちはそうすることを望まなかった）。その物質による方法の性質がゆっくりとわかってきた。

一八世紀でさえ、化学者たちは反応はある物質を加えると促進され、その物質はみたところ反応に関与していないことを観察していた。この種の観察は蓄積され、一九世紀の初めには重大な関心を引いていた。

ロシアの化学者、キルヒホッフ（Gottlieb Sigismund Kirchhoff 一七六四〜一八三三年）は、一八一二年にデンプンをうすい酸で煮ると、単糖のブドウ糖に分解することを示した。酸がなければこれはおこらないが、酸は反応に関与するように思われない。その理由は、分解反応ではそれは少しも消費されなかったからである。

四年後、イギリスの化学者、デーヴィ（Humphry Davy 一七七八〜一八二九年）は、白金線は常温でアルコールのような種々の有機物の蒸気と酸素の結合を促進することを発見した。白金は確かにその反応に関与しないようであった。

これらと他の例は、ベーセリウス（八五頁参照）の関心を引いた。彼は一八三六年にこの問題を記し、その現象に関して〝触媒作用〟という名を提案した。これは、〝分解する〟という意味のギリシャ語に由来したもので、おそらく酸で触媒するデンプンの分解に関係があるのであろう。

ふつう、アルコールはその蒸気が点火する高温度に熱せられた後にのみ、酸素中で燃焼する。しかし、白金触媒の存在のもとでは、同じ反応はあらかじめ熱しないでも生じる。それゆえ、生物組織の中での化学変化は非常におだやかな状態のもとで進行するということができる。なぜなら、無生物界には存在しないある触媒が組織内に存在するからである。

実際、ベーセリウスがその問題を取り扱った直前の一八三三年に、フランスの化学者、ペイアン（Anselme Payen　一七九五〜一八七一年）は発芽した大麦からある物質を抽出した。その物質は酸よりもさらに容易にデンプンを糖に分解することができた。彼はそれに〝ジアスターゼ〟という名をつけた。ジアスターゼや他の同様な物質は〝酵素〟と名づけられた。というのは、デンプンが糖へ変化するのは、穀物の発酵の予備的な現象の一つであるからである。

た。酵素はまもなく動物からも同じように得られた。これらの最初は消化液からであった。レオミュール（七八頁参照）は、消化は化学反応であることを示した。一八二四年にイギリスの医師、プラウト（William Prout 一七八五〜一八五〇年）は、胃液から塩酸を分離した。塩酸はまさに無機物質であり、これは一般に化学者たちを驚かせた。しかしながら、一八三五年に細胞説の創始者の一人シュヴァン（九三頁参照）は、胃液から塩酸ではなく、酸よりももっと能率的に食物を分解する抽出物を得た。シュヴァンが〝ペプシン〟（〝消化すること〟という意味のギリシャ語に由来した語）と名づけた物質は、真の酵素であった。

もっともっと多くの酵素が発見され、一九世紀の後半には、これらは生物組織に特有な触媒であり、その触媒は化学者たちができないことを生物ができるようにすることがはっきりわかってきた。タンパク質は生気論者に楯として残った。というのはこれらの酵素の本体はタンパク質であることを信ずる多くの理由があったからである（このことは二〇世紀まで明白には示されなかった）。

しかしながら、いくつかの酵素が細胞内と同様に細胞外でもはたらくということは、生気論者の立場では困ったことであった。消化液から分離した酵素は試験管の中でも非常によく消化作用を行う。もしも、すべての酵素の標本が得られたならば、生物内で進行するすべての反応を試験管内および生物の介入なしで行いうるであろう。というのは、酵素自身は（少なくとも研究されたものは）疑いなく生きていないから。その上、酵素は酸や白金のような無機の触媒と同じ法則にしたがった。

そのときの生気論者の立場は、次のようであった。消化液からの酵素は細胞外ではたらく。腸の中に注がれた消化液は、同様に試験管の中に注ぐことができる。細胞内に残っていて、細胞内でのみはたらく酵素は、別の物質である。生気論者が主張することは、化学者の理解をこえていた。

酵素は二つの階級に分けられるようになってきた。すなわち、ペプシンのように細胞外ではたらくことができる〝無機的な酵素〟と、酵母が砂糖をアルコールに変化させることを可能にするもののように、細胞内でのみはたらく〝有機的な酵素〟の二つである。

一八七六年にドイツの生理学者、キューネ（Wilhelm Kühne 一八三七〜一九〇〇年）は、酵素という語は生物を必要とする変化に関係するものに対してとっておくべきであると提案した。細胞外ではたらくことのできるこれらの酵素（ferment）は、〝酵素〟（enzyme――〝酵母の中〟を意味するギリシャ語に由来する）とよぶことを提案した。そのわけは、それらははたらき方が酵母の中の酵素と似ているからであ

る。(1)

一八九七年に、この点についてのすべての生気論者の見解は、ドイツの化学者、ブフナー(Eduard Buchner 一八六〇〜一九一七年)により思いがけず打ち破られてしまった。彼は酵母の細胞をもとの形がなくなるまで砂とともにひいてこわし、そのひいたものを濾過し、細胞を含まない酵母液を得た。この液は生きている酵母細胞のもつ発酵能力を何ももたないであろうというのが彼の予想であった。しかし、液が微生物で汚染されないようにすることや、そのときもはや生きている細胞が含まれていないことが重要であった。そして、それを調べる検査はよいものではなかった。

物質を微生物の汚染から保護するための昔の方法は、濃い砂糖溶液を加えることであった。ブフナーはこれを加えた。そしてその混合物は完全に生きていないのに、砂糖がゆっくり発酵し始めたのをみつけて驚いた。彼は、さらに、アルコールで殺した酵母細胞で実験し、死んだ細胞も生きている細胞と同様に砂糖を発酵することをみつけた。

一九世紀が終わりに近づいたころ、すべての酵素(ferment)は、無機的なものも有機的なものも死んだ物質であり、細胞から抽出でき、試験管内ではたらくことが認められた。〝酵素〟(enzyme)という名は、すべての酵素(ferment)に同様に用いられ、細胞はある生命力の存在のもとでのみはたらくことができるいかなる化学物質も含んでいないことが認められるようになった。

生物なしでは発酵はおこらないというパスツールの説は、それらが自然界で生じた事態にのみ適用されることが発見された。人間のおせっかいな手が、酵母の細胞を――細胞とその生命がこわされたが――それを構成している酵素はそのままに保たれるように取り扱ったので、発酵は生命なしでも進行することができた。

このことは、生気論が今までに受けた最も深刻な敗北であった。しかし、ある意味で、生気論の立場はまだまだ打ちくだかれてはいなかった。タンパク質分子（酵素も酵素でないものも）について多くが未発見で残されていた。そして、活力というものがどういう点からもそれ自身を明らかにしないであろうと考えることはできなかった。特に、パスツール（およびフィルヒョー）の説である、細胞はすでに存在する細胞以外からは生じないという考えは残っていたし、それが残っている間は、おそらく人間の手がふれられないであろう生命に関する何物かがまだ存在していた。

しかしながら、人の心は生気論者の立場から離れていった。個々の生物学者たちはその説の中に生気論を薄弱な形でなお述べていたが（そしてある人々は今日でもそうである）、それについてだれもまじめに実行しなかった。生物が無生物界を支配する法則にしたがうことは一般に認められている。本質的に実験室で行われる解決を超えている問題は生物学にはないこと、生命のないところでまねすることができない生命現象は何もないことも認められている。機械論的な見解が最上のものである。

（1）訳注　日本語では、ferment, enzyme ともに酵素と訳され、区別されていない。

第九章　病気との闘い

種痘

進化と生気論についての激しい論争を考えるにあたって、科学としての生物学に対する人間の興味は、医術やからだの不調についての関心から育ってきたことを忘れないようにしておくのは大切である。生物学がどんなに遠く理論の世界へ飛び去っても、またどんなに人間の日常生活の関心事から離れて空を舞っていても、その第一の関心事へと舞いもどってくるであろう。

理論への関心は気を散らすようなものでも、むだなものでもない。そのわけは、理論の進歩で武装されて、人間が科学を応用へ向けると、その応用は非常に早く行われていくからである。そして、応用科学も理論なしで経験的なやり方のみで進められると、それはずっとゆっくりともたついて進んでいく。

一例として、伝染病の歴史を考えてみよう。一九世紀の初頭までは、周期的に大陸をおそうおびただしい疫病や伝染病に対して、医者はどの点においても手のほどこしようがなかった。そして、人類を苦しめた病気の中で、最も悪いものの一つは天然痘であった。それは鬼火のように広がり、三人に一人の割合で殺しただけでなく、生き残った人々でさえ不幸にした。というのは、その人々の顔は他人が見るにしのびないほどあばたができ、傷跡が残りやすかったからである。

しかし、一度天然痘にかかると、以後は免疫ができた。それゆえ、ほとんど跡が残らないくらいのごく軽い天然痘の場合は、まったく罹病しないよりもはるかによかった。前者の場合には、その人は永久に安心であり、後者の場合にはつねに脅威にさらされていた。トルコや中国のような国では、軽い天然痘にかかった人から病気をうつすことが試みられた。軽症の天然痘でできた水疱からとった物質を慎重に感染させることさえした。危険率は大変なものだった。なぜなら、ときどき、うつされた病気は新しい病人にとってまったく軽症ではなかったからである。

一八世紀の初めに、そのような接種をすることがイギリスに導入されたが、真に普及はしなかった。しかし、そのことはうわさで広まり、論議された。そして、イギリスの医師ジェンナー（Edward Jenner 一七四九〜一八二三年）はその問題を考え始めた。彼の故郷グロスターシャに、牛痘（ある点で天然痘に似ている、ウシがふつうにかかるおだやかな病気）にかかった人はその後牛痘ばかりでなく天然痘に対しても免疫ができたという趣旨の老婦人の話があった。

ジェンナーは長い注意深い観察の後に、これをためしてみようと決心した。一七九六年五月一四日、彼は牛痘にかかった乳しぼりの女をみつけた。彼は彼女の腕の水疱から液体をとり、少年に注射した。もちろん、今度は少年は牛痘にかかった。二ヵ月後、その少年に牛痘ではなく、天然痘をうえつけた。少年は天然痘にかからなかった。この実験を繰り返した後、一七九八年に彼はその知見を発表した。その技術を記すのに、彼は〝種痘〟（“vaccination”）という語をつくった。これは牛痘という意味の“vaccinia”というラテン語に由来したもので、vacciniaというのはウシを意味するラテン語の“vacca”に由来している。

進歩が一度だけで歓迎され、何の疑いもなしで受け入れられたほど天然痘への恐怖は大きかった。種痘はヨーロッパ中にまたたくまに広がり、この病気は征服された。天然痘はそれ以来医学の進歩した国々では重大な問題にはならなかった。これが、人類の歴史で急速にかつ完全に支配下におかれた最初の危険な病気であった。

しかしこの進歩は適切な理論がなかったので、さらに進歩が続くことはなかった。だれもまだ伝染病（天然痘にしろ他のものにしろ）の原因を知らなかったし、予防接種に使うことができるおもな病気の軽い症状の親類筋のものの存在が偶然わかるということも二度とおこらなかった。生物学者は単に病気の軽い症状のものをつくることを学ばねばならなかった。そして、ジェンナーの時代よりも多くの知識をもつことが要求された。

病気の胚種説

必要な理論はパスツールによってもたらされた。彼の微生物に対する興味は、発酵の問題への彼の関心から始まった（一四三頁参照）。この興味はさらに進んだところへ導いていった。

一八六五年に、南フランスの生糸産業はカイコが死んでしまう病気のために、たいへんな打撃を受けた。そこでもう一度パスツールがよびだされた。彼は顕微鏡を使い、病気のカイコとそれらが食べていたクワの葉に小さな寄生生物が群がっているのをみつけた。パスツールの解決法は思い切ったものであったが、合理的であった。すべての感染されたカイコとえさは滅ぼされねばならない。健全なカイコと新鮮なえさで新たにやりなおされるべきである。これが実行され、生糸産業はすくわれた。

しかし、パスツールには、一つの伝染病に真実であることは、他の伝染病にとっても真実であるように思われた。病気は微生物によっておこされる。それは、排出物や、汚染された食物や水を通して、せきやくしゃみ、接吻などによって広まる。いずれの場合にも、微生物が原因となる病気は、病人から健康な人にうつされる。特に医師は病人と接触する必要上、感染のおもな原因になる可能性がある。

　この最後の結論は、ハンガリーの医師、センメルヴァイス（Ignaz Philipp Semmelweiss　一八一八〜六五年）により確かにされた。彼はパスツールの説を知らなかったが、ウイーンの病院に入院している婦人の間では産褥熱による死亡率が異常に高いのに、家庭で無智な産婆の助けで出産する婦人の間では産褥熱による死亡率がまったく低いということに気づかずにはいられなかった。センメルヴァイスには、解剖室から手術室へいく医師が何らかのやり方で病気を運んでいるに違いないように思われた。彼は分娩中の婦人に近づく前に、医師は手を完全に洗うようにと主張した。彼がこれを実行させている間は、死亡率は低下した。しかし、怒った医師たちが彼をやめさせると死亡率は再び上昇した。センメルヴァイスは勝利を目前にしながら、敗れて死んだ（合衆国では、ちょうど同じころ、アメリカ人の医師で詩人であるホームズ〔Oliver Wendell Holmes　一八〇九〜九四年〕が、産科医の汚れた手に対して同様な運動を始め、かなり悪口をいわれた）。

　しかし、一度パスツールが〝病気の胚種説〟を提出すると、状況はゆっくりと変化した。今や手を洗う理由があったし、どんなに保守的な医師たちが新しい流行の考え方に反抗しても、彼らはゆっくりとそれにしたがわせられた。フランスとプロシアの間の戦争のとき、パスツールは医者たちに傷ついた兵士に手当てをする前にその器具を煮沸させ、またほうたいを蒸気にあてさせた。

その間、イギリスでは一人の外科医、リスター（Joseph Lister 一八二七〜一九一二年）が手術を改良することに全力をあげていた。たとえば、彼は〝麻酔〟を使い始めた。この手術で患者はエーテルと空気の混合物を吸った。そうすると患者は眠くなり、苦痛を感じなくなった。苦痛なしで、歯を抜くことができ、手術も行えた。この発見には数人の人が貢献しているが、その栄誉を受ける資格はふつうアメリカの歯科医、モートン（William Thomas Green Morton 一八一九〜六八年）に与えられている。彼は、一八四六年一〇月にマサチューセッツの陸軍病院でエーテルを使って患者から顔の腫瘍（しゅよう）を取り除く準備をした。この麻酔を使うことに成功したので、まもなく麻酔は外科手術の部分として必要なものとなった。

しかし、手術が苦痛なしで成功しても、やはり患者が二次的な感染で死亡することがみつかって、リスターは悩んだ。彼がパスツールの説を聞いたとき、もし傷口や手術の切開口が殺菌されたならば、感染はおこらないのではないかという考えが浮かんだ。彼は石炭酸（フェノール）を使い始め、それが効くことを知った。リスターは〝消毒薬を使う外科手術〟を導入した。

しだいに、より刺激性の少ない、より効き目の高い薬品がこの目的のために発見された。外科医は消毒したゴムの手袋とマスクをつけるようになった。外科手術はついに人間にとって安全なものとなった。もしパスツールの胚種説が単独でこれをなしとげたのであれば、それは医学の歴史の中で最も重要な単一の発見であるとするのに十分であったであろう。しかし、それはしだいしだいに完成されていった。そして、その並ぶものがない重要さは疑うことができなかった。

細菌学

すべての命にかかわるほどの有害な微生物を、つねに全人類から離しておくということを期待することはできない。遅かれ早かれ病気にさらされることは確かである。するとどうなるだろうか。

人体は自然に感染から回復できるので、人体は微生物と闘う方法をもっていることは確かである。一八八四年、ロシア系フランス人の生物学者、メチニコフ（Ilya Ilitch Mechnikov　一八四五〜一九一六年）はそのような〝対細菌戦争〟の劇的な例をみつけた。彼は、血液中の白血球が、必要な場合に血管から離れることができ、感染の場所や細菌が侵入した場所に群がるのをみることができた。それに続いておこったのは、細菌と白血球の正々堂々たる闘いのようであった。白血球は必ずしも勝つとは限らなかったが、勝てばよい健康状態を十分に保つことができた。

しかし、もっと巧妙な細菌に対する武器がなければならない。なぜなら、多くの病気の場合、体内に目にみえる変化はないが、ある攻撃から回復するとそれ以後免疫をもつからである。これに対する理論的な説明は、侵入してきた微生物を殺したり、その効果を中和したりするのに使われるある分子〝抗体〟がからだの中につくられるということである。これは種痘の効果を説明するであろう。というのは、体内に牛痘の微生物に対抗する抗体ができ、それが牛痘と非常によく似た天然痘の微生物に対抗するのに使えるからである。

今や病気そのものでなく病気の原因となる微生物への攻撃によって、勝利を繰り返すことができた。パスツールは、家畜の群れの中で荒れ狂うおそろしい病気である脾脱疽（炭疽病）に関してその方法を示した。パスツールはこの病気をおこすもとになる微生物を探し、それが特別な細菌の形であることをみつけた。彼はこの細菌を、病気をもたらす能力を破壊してしまうのに十分なほど長い間熱した。これらの無力な

〝弱められた細菌〟は、それらが存在するだけでからだにそれらに対する抗体をつくらせる。そして、その抗体は新しいおそろしい細菌に対しても有効である。

一八八一年に、パスツールは最も劇的な実験を行った。何匹かのヒツジに彼の弱められた菌を接種し、他のヒツジには接種しなかった。その後、すべてのヒツジをおそろしい脾脱疽菌にさらした。前もって接種を受けていたものは全部病気にならず生き残った。他の接種を受けなかったものは、脾脱疽にかかり死んだ。

同様な方法は、パスツールによって、ニワトリのコレラに対しても確立された。また、すべての中で最も劇的であったのは、狂犬病（あるいは恐水病）に対する闘いであった。この病気は〝狂犬〟にかまれるとおこる。事実、彼はたとえていえば、すべての種類の天然痘から人と動物を守るために人工的な牛痘をつくったのである。

パスツールの胚種説の成功は、細菌への熱情的な新しい興味をかきたてた。ドイツの植物学者、コーン（Ferdinand Julius Cohn 一八二八〜九八年）は、若いころは顕微鏡でみた植物の細胞に興味をもっていた。たとえば、彼は植物の原形質は動物の原形質と本質的に同じであることを示した。しかし一八六〇年代に、彼は細菌にねらいをかえ、一八七二年に、この小さな生物についての三編の論文を発表した。その中で、細菌を属と種に分類するための最初の系統だった試みがなされている。この理由によって、コーンは近代的な細菌学の創始者と考えられている。

しかし、コーンがした最も重要な発見は、若いドイツ人の医師、コッホ（Robert Koch 一八四三～一九一〇年）をみつけたことであった。一八七六年に、コッホは脾脱疽をおこす細菌を分離しそれを培養することをおぼえた（ちょうどフランスでパスツールがしたように）。コッホの研究はコーンの関心をひき、熱心なコーンはコッホを強力に支援した。

コッホは細菌を液体中でなくゼラチンのような固体の上で培養する方法を知った（後に、ゼラチンは海藻からとれる寒天で代用されるようになった）。これは非常な変化をもたらした。液体中ではいろいろな種類の細菌が簡単に混ざってしまい、どれがある特定の病気の原因となるかを見分けるのが困難であった。

しかし、固体培地になすりつけられると、一つの遊離した細菌はその場所から移動できず、分裂を繰り返し、新しい多くの細胞をつくる。もとの培養菌がいろいろな種類の細菌の混合したものであっても、一つの集落はある菌だけの純粋な集落になっているはずであろう。もしそれが病気をおこすなら、どの種類が病気の原因となるかについて、疑問がおこることはない。

初め、コッホは固体培地を平たいガラス板の上においた。しかし、彼の助手のペトリ（Julius Richard Petri 一八五二～一九二一年）は、代わりにガラスのふたのある浅い皿を使った。その〝ペトリ皿[1]〟は、それ以来ずっと細菌学で使われている。純粋培養を研究することで、コッホはある病気の原因となる微生物を検出する基準を発展させることができた。彼とその助手たちはそのような微生物を多く発見した。そして、コッホの生涯での頂点は、一八八二年の結核を引きおこす細菌を確認したことであった。

昆虫類

細菌が伝染病の唯一の原因ではない。そして、なぜパスツールの発見が〝胚種説（germ theory）〟とよばれるかの理由でもある。"germ"は微生物一般をさし、細菌のみについていうのではない。たとえば、一八八〇年にフランスの医師、ラヴラン（Charles Louis Alphonse Laveran 一八四五～一九二二年）はアルジェリアに駐屯している間に、マラリアの原因となるものを発見した。これは、それ自身たいへん興奮させられることであった。というのは、マラリアは熱帯と亜熱帯全域に広がっている病気であり、他のいかなる病気よりも多くの人間を殺していたからであった。しかし、この発見を特に興味深くしたのは、その原因が細菌ではなくて、単細胞動物つまり原生動物であるということであった。

事実、すべての病気が微生物によっておこされるのではない。一八六〇年代に、ドイツの動物学者、ロイカルト（Karl Georg Friedrich Rudolph Leuckart 一八二二〜九八年）は、無脊椎動物を研究し、その中で他の生物の体内に寄生して棲んでいるものに特に興味をもった。こうして、**寄生虫学**がつくられた。彼は、すべての無脊椎動物の門は、その中に寄生動物を含んでいることをみつけた。これらの多くは人間に感染し、吸虫類、十二指腸虫、条虫類――顕微鏡的というにはあまりにもほど遠い――のような生物は重い病気をひきおこす。

さらに、多細胞動物は病気の直接の原因ではなくても、感染の媒介者となりうる。そしてそれも同じように悪い。マラリアは感染のこの点が重要になった最初の病気である。イギリス人の医師、ロス（Ronald Ross 一八五七〜一九三二年）は、たぶんカがマラリアを人から人へと広げていくのではないかという思いつきを研究した。彼はカを集めて解剖し、一八九七年についにマラリア原虫がハマダラカの中にいることをつきとめた。

カはこの感染の径路における弱点であったので、これは非常に有益な発見であった。マラリアが直接の接触で広まらないことは容易に示すことができた（この寄生虫は、それが再び人間に入る前に、カの中である時期を過ごさねばならないように思われた）。それならば、なぜカを駆除しないのだろうか。なぜかやの中で眠らないのか。なぜカが繁殖する沼地をかわかしてしまわないのか。これは実行された。そしてそのような手段がとられたところでは、マラリアはおとろえた。

他のおそろしい病気で、一八世紀と一九世紀に合衆国の東海岸を周期的におそったのは、黄熱病である。米西戦争の間に、アメリカ政府は特に病気を気にしだした。というのは、スペイン人の銃で殺されるよりもはるかに多くのアメリカの兵隊が、キューバでこの病気で死んだからである。この戦争が終わったのち一八九九年に、一人のアメリカ陸軍の軍医、リード（Walter Reed　一八五一～一九〇二年）はその対策のためにキューバに派遣された。

彼は黄熱病は直接の接触ではうつらないことを知った。ロスの研究の立場に立って、彼は今度はヤブカの一種 Aedes を疑った。リードといっしょにはたらいていた医師たちは、病人を刺したカに自分たちを刺させてみた。そして彼らのいく人かは病気になった。一人の若い医師、ラジーア（Jesse William Lazear　一八六六～一九〇〇年）はその結果死んだ。人類のための真の犠牲者であった。事実はこうして明らかになった。

もう一人のアメリカ人の軍医、ゴーガス（William Crawford Gorgas 一八五四〜一九二〇年）は、ハバナで黄熱病を一掃するために、カを撲滅する方法をとった。そして、次にパナマに配属された。フランスが前に手がけて失敗したが、合衆国はそこに運河をつくろうとしていた。確かに技術的な困難はたいへん多かったが、実際にあらゆる努力をにぶらせていたのは黄熱病による高い死亡率であった。ゴーガスはカを退治して、この病気の流行を防ぎ、一九一四年パナマ運河は開通した。

カだけが悪役を演じている唯一の昆虫ではない。一九〇三年に、フランスの医師、ニコル（Charles Jean Henri Nicolle 一八六六〜一九三六年）は北アフリカ、チュニスのパスツール研究所の指導者に任命された。そこで彼は、危険で感染率の高い発疹チフスを研究する機会をもった。

ニコルは病院の外ではこの病気は非常に伝染力が強いのに、病院内では伝染しないことに気がついた。病院内の患者は入院のとき着物をぬがされ、石鹼と水でごしごし洗われた。そこでニコルは伝染の原因は何か着物の中にいるもの、洗うことでからだからとり除かれる何かに違いないと思った。彼はからだのシラミを疑った。そして、動物実験によってシラミにかまれたことによってのみこの病気はうつされることを証明した。同様に、一九〇六年、アメリカの病理学者、リケッツ（Howard Taylor

Ricketts 一八七一〜一九一〇年）は家畜にたかるダニにかまれることで、ロッキー山紅斑熱（こうはんねつ）がうつされることを示した。

食物因子

胚種説は一九世紀の終わりの三〇年間を通じて、多くの医師たちの心を支配していたが、何人かそれに反対する人もいた。ドイツの病理学者、フィルヒョー（一一二頁参照）はその中で最も有名であった。彼は病気を外因よりも内的なある刺激によってひきおこされるものと考えた。彼はまた何十年かベルリン市政にたずさわり、国家の立法機関にも関係していた強い社会意識をもった人であった。彼は清浄な水の供給や、効果的な下水制度のような問題で重要な改良を推進した。ペッテンコッフェル（一三九頁参照）もこのタイプの人であった。彼とフィルヒョーは、**公衆衛生学**（社会における病気を防ぐ学問）の近代的概念の創始者の中に入っている。

そのような改良は病気がたやすく伝播するのを妨げた（フィルヒョーが胚種説を信じていようといまいと）。そして、それは一九世紀半ばまでヨーロッパを苦しめた伝染病を終わらせる手段として、たぶん病原菌それ自身に対するより直接な関心と同じくらい役立ったであろう。

ヒッポクラテスの清潔に対する関心が、病原菌に気がついた時代にその力を保っていたにしても、それは当然予期できることであった。たぶん、さらに驚くべきことは、よい、変化に富んだ食物についてのヒッポクラテスの助言がその意義を保っていたことであろう。その助言は、一般的な健康のためばかりでなく、特殊な病気を防ぐ特定の手段としての食物についてのものであった。病気の原因として貧弱な食物をあげることは、胚種説にかたむいていた一八七〇年から一九〇〇年にかけては、多くの人々にとって旧式な考えのように思われた。しかし、それがまったく旧式なものではないということを示す強い証拠があった。

探検時代の初めのころ、人々は何ヵ月も船の上で暮らし、冷凍技術が知られていなかったので、その期間中もつ食品のみを食べていた。その時代には、壊血病は船員にとっておそろしい病気であった。スコットランドの医師、リンド（James Lind 一七一六〜九四年）は、船の上だけではなく、包囲された町や牢獄の中での単調な食事が壊血病をおこすことに気づいた。食品の成分が欠けていることが、この病気の原因でありえないだろうか。

一七四七年に、リンドは壊血病に悩まされた船員たちに異なった食品を与えてみた。そして、柑橘類がそれを軽減するのに著しく効果があることをみつけた。ゆっくりではあったが、この方策は採用された。偉大なイギリスの探検家、クック船長(James Cook 一七二八～七九年)は、一七七〇年代の太平洋の航海で、船員たちに柑橘類を食べさせた。そして、壊血病でたった一人失っただけであった。一七九五年にイギリス海軍はフランスと死にもの狂いの戦争をしていた中で、船員たちに強制的にライムジュース[2]をのませ始めた。そして、壊血病はイギリスの船から一掃された。

しかし、このような経験による進歩は、必要な基礎科学の進歩がなかったので、遅々としていた。一九世紀の間の栄養についてのおもな発見はタンパク質の重要性に関するものであった。特に、あるタンパク質は〝完全〟であって、それが食物に含まれていれば生命を維持できるが、ゼラチンのような他のタンパク質は〝不完全〟で、生命を維持できないという事実の発見であった(一三五頁参照)。

タンパク質の間にあるこの違いの説明は、タンパク質分子の性質がよくわかったとき、初めてなされた。一八二〇年に、ゼラチンの複雑な分子は酸処理で分解され、〝グリシン〟と名づけられた簡単な分子が分離された。グリシンは、〝アミノ酸〟とよばれる物質の部類に属する。

最初、ブドウ糖という簡単な糖からデンプンが組み立てられているのとちょうど同じように、グリシンはタンパク質の唯一の構成物質であると思われた。しかし、一九世紀が深まるにつれて、この説は不適当であることがわかってきた。他の簡単な分子がさまざまのタンパク質から得られた。すべては、アミノ酸のなかに入るが、細かな点で違いがあった。タンパク質分子は一つではなく、多くのアミノ酸からなっていた。一九〇〇年までに、一ダースの異なったアミノ酸が知られた。

タンパク質は、含まれている種々のアミノ酸の比率によって違いがあるということはまったくありそうなことであった。あるタンパク質は、一つあるいはそれ以上のアミノ酸が欠けていて、それらのアミノ酸が生命に不可欠であるかもしれなかった。

これが事実であることを示した最初の人は、イギリスの生化学者、ホプキンズ(Frederick Gowland Hopkins 一八六一〜一九四七年)である。一九〇〇年に、彼は新しいアミノ酸、トリプトファンを発見し、その存在を示す化学的な検出法を発展させた。トウモロコシから分離されたタンパク質であるゼインはこの反応を示さず、トリプトファンを欠いていた。ゼインは不完全なタンパク質で、食物中にこのタンパク質しか含まれていないと、生命を維持できない。しかし、少量のトリプトファンをゼインに加えたならば、実験動物の生命はのばされた。

二〇世紀の初めの二、三十年間に行われた同様な実験は、あるアミノ酸は哺乳類の体内で組織がふつうに使える物質から形成されることを明らかにした。しかし、あるものはそのようにしてつくられることができず、食物の中にそのままの形で存在しなければならなかった。これらの〝不可欠アミノ酸〟の一つあるいはそれ以上が欠けていることが、あるタンパク質が不完全で、病気や最後には死をもたらした原因である。

こうして、〝食物因子〟の概念が導入された。食物因子とは、体内でつくられず、生命を維持するには、そのままの形で食物中に存在しなければならない物質のことである。なるほど、アミノ酸はどんなに栄養学者にとって興味深いものであっても、医学的には重大な問題ではなかった。アミノ酸の欠乏は、一般に人工的にわざとかたよらせた食物によっておこる。自然の食物は、貧弱なものであっても、ふつうおのおののアミノ酸を十分に供給している。

もし、壊血病のような病気がライムジュースでなおるならば、ライムジュースが欠けた食物因子を供給していると考えるのは当然であった。しかし、その食物因子はアミノ酸ではないらしかった。実際、一九世紀の生物学者たちに知られていたライムジュースのあらゆる成分は、単独でも、いっしょにしても、壊血病をなおせなかった。それゆえ、この食物因子は、微量だけしか必要ではなく、ふつうの食物の成分とは化学的にまったく異なったものであるに違いない。

実際、この不思議さは思ったほど解決困難ではなかった。不可欠アミノ酸の概念が完成されたときですら、他のもっと複雑な、ごく微量のみ必要な食物因子が発見されつつあった。そして、それは壊血病の研究を通してではなかった。

ビタミン

オランダの医師、エイクマン(Christiaan Eijkman 一八五八～一九三〇年)は、一八八六年に脚気を研究するためジャワへ派遣された。この病気が不完全な食物の結果であると思われる理由があった。日本人の船員がこの病気で広く苦しめられていた。――しかし、日本人の提督が以前はほとんど魚と米ばかりであった食事に、牛乳と肉を加えた一八八〇年代に、その病気で苦しめられることが終わった。

しかし、エイクマンは胚種説に没頭し、脚気は細菌による病気であると信じていた。彼はニワトリをとりよせ、その中で細菌を培養しようとした。しかし、一八九六年、彼のニワトリは自然に脚気とたいへんよく似た病気になった。エイクマンがそれについて多くのことをする前に、その病気は消えてしまった。

原因を探すうちに、エイクマンは、ある期間そのニワトリは病院の倉庫にあった精白した米を食べさせられていて、それから病気になったことをみつけた。売られているニワトリ用のえさにもどすと回復した。エイクマンはさらに、ただ食物をかえることだけで、この病気をおこしたり、なおしたりできることをみつけた。

エイクマンは初めこれの真の意味を認識しなかった。彼は米の中にある種の毒素があり、これは殻にある何かによって中和されると考えた。殻は精白されるとき除かれてしまい、精白した米の中の毒素は中和されずに残る（そうエイクマンは考えた）。

しかし、微量にあればよいある食物因子という一つの物質を考えればよいのに、なぜ毒素と抗毒素という二つの異なった未知の物質の存在を仮定するのだろう。食物因子という考え方の代表者はホプキンズ自身（一七〇頁参照）とポーランド生まれの生化学者、フンク（Casimir Funk 一八八四～一九六七年）であった。二人とも、脚気ばかりでなく、壊血病やペラグラ[3]、くる病のような病気もまた微量な食物因子の欠乏によるものであることを示した。

これらの食物因子は〃アミン〃として知られている物質に属すると考えて、フンクは一九一二年にこれらの因子を〃ビタミン〃（vitamines――〃生命のあるアミン〃）と名づけることを提案した。その名は採用されたが、これらの因子がすべてアミンというわけではないことがわかったので、名前は〃ビタミン〃（vitamins）とかえられた。

ホプキンズとフンクの〝ビタミン説〟は広く支持された。そして、二〇世紀の初めの三〇年間に、著しい食事のかたよりが確立しているところでは、どこでもこの種の病気がみつけられた。たとえば、オーストリア系アメリカ人の医師、ゴールドベルガー（Joseph Goldberger 一八七四〜一九二九年）は、一九一五年にアメリカ南部の風土病であるペラグラは、病原菌によるものでないことを示した。そのかわりそれはあるビタミンの欠乏によるもので、これにかかっている人の食事に牛乳が加えられると、その病気はなくなってしまった。

最初は、ビタミンについてはある病気を防いだり、なおしたりする能力以外のことは何も知られていなかった。アメリカの生化学者、マッコラム（Elmer Vernon McCollum 一八七九〜一九六七年）は一九一三年にアルファベットの文字をそれらにつけることをした。ビタミンA、ビタミンB、ビタミンC、ビタミンDとつけられた。最後にビタミンEとKが加えられた。ビタミンBを含む食物は、一組以上の症状をなおせる一つ以上の因子を含んでいることがわかってきた。生物学者たちは、ビタミンB_1、ビタミンB_2などといい始めた。

脚気をおこすのはビタミンB_1の欠乏であり、ビタミンB_6の欠乏はペラグラをおこす。ビタミンCの欠乏は壊血病をおこす（リンドが壊血病をなおせたのは、柑橘類に少量含まれているビタミンCによるのであった）。そして、ビタミンDの欠乏はくる病をおこす。ビタミンAの欠乏は視力に影響し、夜盲症をひきおこす。これらがおもなビタミン欠乏症であった。ビタミンに関する知識がふえるにつれて、それらは大きな医学的な問題ではなくなってしまった。

（1）訳注　わが国ではふつう〝シャーレ〟といわれている。
（2）訳注　ライムはレモンに似ていて、レモンより小さく、すっぱい円形の果実。
（3）訳注　手足や露出した皮膚に褐色の色素が沈着した特有な赤い斑点を生じ、頭痛・下痢などの症状をともなう。

第一〇章　神経系

催眠術

パスツールの胚種説の項目にはっきり入らないもう一つの種類の病気は精神疾患であった。これはずっと昔から人類を当惑させ、おびえさせ、こわがらせていた。ヒッポクラテスはそれに合理的なやり方で（一七頁参照）近づいたが、ほとんどの人は迷信的な考え方をもち続けていた。疑いもなく患者が悪魔にとりつかれているという考えは、おそろしい残酷性を説明するのを助けたので、精神疾患は一九世紀までその考えで取り扱われていた。

この点で新しい態度を最初にとったのは、フランスの医師、ピネル（Philippe Pinel 一七四五～一八二六年）であった。彼は狂気を精神の病気であり、悪魔にとりつかれたものではないと考えた。そして、彼のこの見解を彼が『精神錯乱』と名づけた本に発表した。一七九三年、フランス革命の真最中で、変革のにおいにみちているとき、ピネルはある精神病院をあずかることになった。そこで、彼は入院患者を鎖からはずし、初めて彼らを野獣ではなく病人として扱った。この新しい考えは、ゆっくりとではあるが、広がっていった。

ある精神疾患は入院が認められるほど重大ではなくても、なお不愉快さと非常にはっきりした肉体的な症状をおこすであろう（〝ヒステリー〟あるいは〝精神身体的病気〟）。精神疾患の始まりであるそのような症状は、精神に作用する治療で取り除くことができる。特に、その人がその治療が彼を助けることを信じるならば、彼の病気が精神身体的である限り、実際にその治療が彼を助けるであろう。こういうわけで、聖職者であろうと巫女（みこ）であろうと悪魔ばらいは有効でありうる。

悪魔ばらいは、オーストリアの医師、メスマー（Friedrich Anton Mesmer 一七三四〜一八一五年）によって、神学から生物学へ持ちこまれた。彼は初め治療のために磁石を用いた。次にこれをやめて、彼が〝動物磁石〟とよんだものを使って、彼の手で催眠術を行った。疑いもなく、彼は治療効果を与えた。

メスマーは、単調な刺激に注意をそそがせて、患者を催眠状態におけば治療がもっと早くなることをみつけた。この手段（今日ですらしばしば〝mesmerism〟〔催眠術〕とよばれる）によって、患者の心は多くの外界の刺激による攻撃から解放され、治療者に集中された。それゆえ、患者はより〝暗示を受けやすく〟なる。

メスマーは一時大成功をおさめた。特に、一七七八年にパリに行ったときに。しかし、彼はいかさま師に近いような神秘主義で彼の技術を過剰に飾り、さらに精神身体的でない病気もなおそうとした。もちろん、彼はこれらの病気をなおせなかった。患者たちは、もっと正統な方法を用いて競い合っていた医師たちと同様に不平をいった。専門家たちの委員会が彼を調べるよう命令を受け、彼らは不利な報告をした。メスマーはパリを去ることを強制され、スイスに隠退し消息がはっきりしなくなった。しかし彼の方法の本質的な価値は残った。半世紀後に、スコットランドの外科医、ブレイド（James Braid 一七九五～一八六〇年）はメスメリズム（催眠術）の系統的な研究を始めた。そして彼は、"hypnotism"（催眠術――ギリシャ語の〝眠り〟という意味に由来した）と再命名した。彼はそれについて一八四二年に合理的な方法で発表し、その技術は医学の実用に取り入れられた。新しい医学の専門分野、精神の病の研究と治療についての**精神医学**が成立した。

この専門分野はオーストリアの医師、フロイト（Sigmund Freud 一八五六～一九三九年）により真の発展をなした。医学校時代とその後の数年間、フロイトは神経系に関する正統派流の研究に従事した。たとえば、彼はコカインの神経終末を弱めるはたらきを研究した最初の人であった。フロイトのはたらいていた病院のインターンであったコラー（Carl Koller 一八五七～一九四四年）はその報告を続けて研究し、一八八四年に目の手術にそれを用いて成功した。これは〝局部麻酔〟の最初であった。からだのある特定の部分を弱めることは、ある部分の手術のためにすべてを無感覚にすることを不必要にした。

一八八五年に、フロイトはパリに旅行し、そこで催眠術の技術を紹介され、精神身体病の治療に興味をもつようになった。ウイーンにもどってから、フロイトはその方法をさらに発展させ始めた。彼には、精神は意識と無意識の両方のレベルを含んでいるように思えた。苦痛の思い出や、人が恥ずかしいと思う希望や欲望は、〝抑圧〟されている、すなわち、無意識の心にたくわえられているらしいと彼は考えた。人は意識してこのたくわえに気がつかないであろうが、それはその人の態度や行動に影響することができるであろうし、ある種の肉体的症状をつくり出すこともあるであろう。

催眠術のもとでは、無意識の心が明らかに打診された。なぜなら、患者がふつうの意識のある状態では空白であった問題をもち出すことができたからである。しかし、一八九〇年代にフロイトは、催眠術をやめて、〝自由な連想〟を支持した。このやり方で、最少の指導で、患者にでたらめに自由に話をさせることができる。それは、患者はしだいに警戒心を捨て、ふつうの環境では、患者自身の意識からも注意深く隠されていたものがあらわれてくる。これが催眠術よりすぐれている点は、患者がつねに何がおこったかを知っていることと、彼が述べたことを後で知らされるべきではないということであった。

理想的には、ひとたび無意識の心の内容があらわれると、患者の反応はもはや彼自身から出ているものではなくなり、今あらわれた動機を理解して反応をかえていくことが可能になるであろう。この心の内容をゆっくり解析する方法は、〝精神分析〟とよばれる。

フロイトにとって、夢はたいへん重要な意味がある。というのは、目をさましている間はできないやり方で、無意識の心の内容（ふつうは非常に象徴された形であるが）をおもてに出すように思えたからである。彼の『夢判断』という本は一九〇〇年に出版された。彼はさらに、性への衝動は、さまざまな点で、子どもですらも、その行動の動機の重要なもとになると考えた。この考えは、多くの医師たちとともに民衆の一部にも相当な敵意を引きおこした。

一九〇二年の初めに、一群の若い人々がフロイトのまわりに集まった。彼らはいつもフロイトの考えと完全に一致するとはかぎらなかったし、フロイトも彼の見解を曲げず妥協しようとはしなかった。オーストリアの精神科医、アドラー（Alfred Adler

一八七〇～一九三七年）やスイスの精神科医、ユング（Carl Gustav Jung 一八七五～一九六一年）のような人々は、そこを去り、彼ら自身の体系を確立した。

神経と脳

人間の心は非常に複雑であるので、精神医学における考えには非常に多数の個人的意見が残っている。異なった学派は自身の見解を主張し、それらの間で明確に決定をする客観的な方法はほとんどない。それ以上の進歩がなされるのは、神経系の基礎的学問（**神経学**）が十分に発達したときであろう。

神経学はスイスの生理学者、ハラー（Albrecht von Haller 一七〇八～七七年）によって始められ、彼は一七六〇年代に人間の生理学に関する八巻の教科書を出版した。彼の時代までは、神経は中に穴があり、神秘的な〝精神〟すなわち血管の中の血液のような液体を運ぶものであるということが一般に認められていた。しかしながらハラーはこれを打ち消して、実験をもとにして神経のはたらきを説明しなおした。たとえば、彼は筋肉は〝刺激に感じやすい〟すなわち、筋肉はわずかな刺激でもはっきりした収縮をおこすことを認めた。彼はまた、神経を軽く刺激すればそれに付着している筋肉にはっきりした収縮をおこすことを示した。神経は筋肉よりも刺激に感じやすかった。ハラーは、筋肉の運動を支配するのは、筋肉への直接の刺激よりもむしろ神経への刺激であると判断した。

ハラーはまた、組織自身が知覚するのではなくて、知覚をおこす刺激を運ぶのは神経であることを示した。さらに、彼は神経はすべて脳か脊髄につながっていて、脳と脊髄が知覚とそれに反応するはたらきの中心であることを明白に示した。彼は動物の脳のいろいろな部分を刺激したり、こわしたりする実験をして、その結果生じる行動の型や麻痺を記録した。

ハラーの研究は、ドイツの医師、ガル（Franz Joseph Gall 一七五八〜一八二八年）によりさらに進められた。彼はこの問題について、一七九六年に講義を始めた。彼は神経は単に脳につながるのではなく、脳の表面にある〝灰白質〟につながることを示した。表面の下部にある〝白質〟は結合物質であるとした。

ハラーのように、ガルも脳の各部分はからだの対応する部分を支配していると考えた。彼はこの考えを極端に進め、脳の各部分はそれぞれ対応する知覚や筋肉の運動ばかりでなく、すべての感情や気質にも対応すると考えた。この考えは彼の後継者たちによって不合理な点にまで進められ、彼らは、感情や気質は、過度に存在するときは、頭蓋の隆起をさわってみることでみつけられると考えた。こうして、〝骨相学〟

というにせの科学が発達した。

骨相学のばからしさは、ガルは部分的に正しく、脳は実際に分化した部分をもつという事実もあいまいにしてしまった。この可能性はフランスの脳外科医、ブローカ（一一二頁参照）により、にせの科学から引き出され、合理的な研究にもどされた。たくさんの死体解剖の結果、彼は一八六一年に、話すことができない患者は、脳の上の部分である大脳のある特別な部分に損傷があることを示した。この点は、左前葉の三番目の回転部にあり、今も〝ブローカの回転部〟とよばれている。

一八七〇年までには、二人のドイツの神経学者、フリッチ（Gustav Theodor Fritsch 一八三八～一九二七年）とヒッチッヒ（Edouard Hitzig 一八三八～一九〇七年）がさらに研究を進めた。彼らは生きているイヌの脳を露出し、電気針でいろいろな部分を刺激した。彼らは特別な場所を刺激すると、それぞれ独特の筋肉運動が生じることをみつけた。この方法で、脳の上にいわばからだの地図をつくることができた。彼らは左側の大脳半球はからだの右側の部分を支配し、右側の大脳半球はからだの左側の部分を支配することを示すことができた。

こうして、脳がからだを支配するばかりでなく、それを高度に分化した方法で行うことが疑いなくなってきた。すべての精神作用を何らかの方法で脳の生理学に関連づけられることが、少なくとも相当見込みがあるように考えられ始めた。これは精神を単に肉体の延長であるとしただけでなく、人間の最も高級な能力を機械論的な領域にもたらすおそれがあった。

さらに根本的には、細胞説が成立したときそれは結局神経系にも当てはめられた。一九世紀の中ごろの生物学者たちは、脳と脊髄の中で神経細胞をみつけたが、神経繊維自身についてはあいまいであった。その問題を明らかにしたのは、ドイツの解剖学者、ワルダイエル（Wilhelm von Waldeyer 一八三六〜一九二一年）であった。彼は一八九一年に、繊維は神経細胞から繊細に伸びたもので、神経細胞の不可欠な部分であると主張した。したがって、神経全体は、〝ニューロン〟すなわち、神経細胞とそれから伸びたものよりなる。これが〝ニューロン説〟である。さらに、ワルダイエルは、違う細胞から伸びたものは非常に接近しているが、本当に触れあってはいないことを示した。ニューロンの間の間隙は、後に〝シナプス〟とよばれるようになった。

ニューロン説は、イタリアの細胞学者、ゴルジ（Camillo Golgi 一八四四〜一九二六年）およびスペインの神経学者、ラモン・イ・カハル（Santiago Ramón y Cajal 一八五二〜一九三四年）の研究によって、確かな基礎をもつようになった。一八七三年に、ゴルジは銀塩による細胞染色法を開発し、この物質を使って、彼は細胞内の構造体（〝ゴルジ体〟）を発見した。そのはたらきはまだわかっていない[1]。

ゴルジは彼の染色法を特に神経細胞に使ってみて、その細胞が目的によく合うことをみつけた。彼は今までみえなかった細かい点をみることができ、また神経細胞の微細な突起を先例のないほどのくわしさで明らかにし、シナプスを明白に示すことができた。それにもかかわらず、彼はそのころ広まっていたワルダイエルのニューロン説に反対した。

しかしラモン・イ・カハルはニューロン説を強く支持した。ゴルジの染色技術を改善した方法を用いて、彼はニューロン説を疑いのない確かなものにする細かい点を示した。また、脳、脊髄および目の網膜の細胞構造も研究した。

行動

ニューロン説は動物の行動の問題にうまくあてはめることができた。一七三〇年という早い時期に、ヘールズ（Stephen Hales 七九頁参照）は、カエルの頭を切ってから、その皮膚を針で刺すと、それでも足でけることをみつけた。この場合は、からだは脳の助けがなくても機械的に反応した。これは、多少自動的な〝反射作用〟の研究の最初のものであった。反射作用では、反応はある決まった型にしたがって、意識の干渉なしに、刺激に応じる。

人間ですら、このような自動的な作用がある。ひざの皿のすぐ下を軽くたたくと、よく知られているように足が上に上がる。手が不用意に熱いものにふれると、そのものが熱いと気がつく前に、すぐ手を引っこめる。

イギリスの生理学者、シェリントン（Charles Scott Sherrington 一八六一～一九五二年）は、反射作用を研究し、以前ゴルジと彼の染色法が**神経解剖学**の基礎をつくったと同じように、**神経生理学**を創立した。シェリントンは、少なくとも二個、しばしば二個以上のニューロンの複合体である〝反射弓〟を示した。ある場所での感覚は一つのニューロンを通り、シナプス（シェリントンがこの語をつくった）をへて、神経刺激を送り、そしてかえりのニューロンをへて別の場所へもどり、そこで筋肉作用や、たぶん、腺分泌を刺激する。最初と最後の間に一つ以上のニューロンが介在するであろうという事実は、その原理に影響しない。

シナプスのあるものは他のものより容易に刺激が通れるように配列されているように考えられる。それで、神経系をつくりあげているニューロンのからみあった網状の中を容易に通過できる特別な径路があるのであろう。

さらに、一つの径路は他の径路につながっていると考えることができる。いいかえれば、一つの反射作用の反応が第二の反射作用に対して刺激としてはたらき、新しい反応をおこす。そして、それが第三の反射作用の刺激となるというように続いていく。こうして、反射の一連のまとまりが、われわれが〝本能〟とよぶ、多少とも複雑な行動の型をつくり上げるのであろう。

昆虫のように比較的小さく簡単な生物は、本能以上のものはもつことができない。〝神経の径路〟は遺伝されるものと簡単に考えることができるから、本能は遺伝され、生まれたときから存在すると理解することができる。したがって、クモは今までにクモの巣を糸であむところをみたことがなくても、完全なクモの巣をつくることができる。また、クモのそれぞれの種は、それぞれ違ったクモの巣をつくるのであろう。

哺乳類（特に人間）は、本能は比較的少ないが、学習の能力がある。すなわち、経験にもとづいた新しい行動の型が発展したものである。ニューロン説によってそのような行動を組織的に研究するのは困難であるかもしれないが、純粋に経験的なやり方で行動を解析することは可能である。歴史を通じて、人間はいかに人類が特殊な環境に反応するかを工夫することを学び、この能力が彼らを成功した指導者にした。

人間の心に定量的な測定法を適用すること（少なくとも環境を知覚する能力）は、ドイツの生理学者、ウェーバー（Ernst Heinrich Weber 一七九五〜一八七八年）によって始められた。一八三〇年代に、彼は同じ種類の二つの感覚の間の違いの大きさは、その感覚の強さの対数によって決まることをみつけた。

ちょうど部屋を明るくする場合のように、一本のろうそくで室を明るくし始めたら、二本目の同じろうそくは、われわれがxとよぶ量で室を明るくしたと感じる。そのていどでさらに明るくするには、もう一本のろうそくではだめで、もっともっと多くのろうそくが必要である。最初に加えられた一本のろうそくがxだけ室を明るくしたなら、次にさらにx明るくするにはさらに二本のろうそくが必要であろう。その次には、四本、そしてその次には八本というように必要であろう。この法則は、一八六〇年にドイツの物理学者、フェヒナー（Gustav Theodor Fechner 一八〇一〜八七年）により広められ、そのためしばしば〝ウェーバー・フェヒナーの法則〟とよばれる。これは、感覚の定量的な研究である**精神物理学**を創始した。

一般に行動の研究（**心理学**）は簡単に数学に還元できないが、実験的に行うことができる。この研究のしかたの創始者はドイツの生理学者、ヴント（Wilhelm Wundt 一八三二〜一九二〇年）で、彼は一八七九年に初めて実験心理学の実験室をつくった。彼の研究から、ネズミに迷路を解かせたり、チンパンジーにバナナを探す方法を推論させるような実験の型ができた。これはまた人間にも応用された。事実、質問を問いかけたり、問題をつくったりすることは、人間の知能を測る試みに用いられた。フランスの心理学者、ビネー（Alfred Binet 一八五七～一九一一年）は、一九〇五年に彼の最初のＩＱ（知能指数）のテストを発表した。

さらに直接的に神経系に関係する行動の基礎的な研究は、ロシアの生理学者、パブロフ（Ivan Petrovich Pavlov 一八四九～一九三六年）によりなされた。彼は研究の初期には、消化液の分泌の神経支配に興味があった。世紀がかわると、彼は反射を研究し始めた。

食物をみせられた空腹のイヌはよだれを出す。唾液は食物にそそいで、消化するために必要であるから、これは道理にかなった反射である。イヌが食物をみせられたときいつもベルを鳴らすと、食物をみることとベルの音が結びつけられる。ついに、ベルの音がきこえるやいなや、食物がなくても唾液を出すようになる。これが〝条件反射〟である。パブロフは、すべての反射はこのやり方でつくられることを示すことができた。

〝行動主義〟の心理学の学派は、すべての学習は条件反射およびいわば新しい神経網の接続が発達したものであるという主張を育て上げた。人は〃椅子〃と書かれた活字をみて、その語を発音したときの音と結びつけ、そしてすわる実際の物体に結びつける。ついには、〃椅子〃という字をみただけで、直ちにその物体を考えるようになる。この学派の顕著な代表者は、アメリカの心理学者、ワトソン（John Broadus Watson 一八七八～一九五八年）と後のスキナー（Burrhus Frederic Skinner 一九〇四～九〇年）である。

行動主義は心理学の極端に機械論的な見解であり、すべての精神の面を複雑な神経網の物理的な型に還元する。しかし、最近の考えは、これは単純にすぎる説明であるとしている。もし、精神が機械論的に説明できるならば、もっと巧みで、こじつけたやり方でなされなければならない。

神経電位

神経網を考えるとき、刺激が網目を通って種々の径路にそって移動するのを論じるのは容易である。しかし、これらの刺激は正確には何からなるのだろうか。神経を通って〃精神〃が流れるという古い考えは、ハラーとガルによってつぶされてしまった。しかし、その説はまもなくイタリアの解剖学者、ガルヴァーニ（Luigi Galvani

一七三七〜九八年）が一七九一年に、解剖したカエルの筋肉が電気刺激で攣縮をおこすことができるのを発見したとき、新しい形で復活した。彼は筋肉によって生ずる〝動物の電気〟のようなものがあると主張した。

この提案はそのままの形では正しくはなかったが、正しく修正されるとみのりが多いことがわかった。ドイツの生理学者、デュ・ボア・レイモン（Emil Du Bois-Reymond　一八一八〜九六年）は、まだ学生である間に電気魚についての論文を書き、これが組織内の電気現象に関する生涯を通じての興味の始まりとなった。一八四〇年に始まって、彼は古い装置を改良して新しいものを発明し、それを使って神経と筋肉内を微少な電流が通ることを発見した。彼は神経刺激は神経の電気的状態の変化を伴うことを示すことができた。神経刺激は、少なくとも部分的には、電気的な性質であり、確かに電気は昔の神経の〝精神〟を信じていた人が望んでいたように微妙な流体である。

電気的な変化は神経にそって進むのみならず、筋肉にも同様に進む。心臓のように律動的な収縮をする筋肉の場合には、電気的な変化もまた律動的である。一九〇三年にオランダの生理学者、アイントホーフェン（Willem Einthoven　一八六〇〜一九二七年）は、非常にかすかな電流を検出しうるたいへん微妙な〝弦電流計〟を考案した。彼はそれを皮膚の上においた電極によって、心臓の律動的な電位変化を記録するのに用いた。一九〇六年までに、彼は彼が記録した〝心電図〟（ＥＫＧ）とさまざまな型の心臓病とを関係づけた。

同じようなすばらしい技術は、一九二四年にドイツの精神医学者、ベルガー（Hans Berger 一八七三〜一九四一年）によってもなされた。彼は頭に電極をつけ、脳の活動に伴う律動的な電位変化を記録した。〝脳波〟（ＥＥＧ）は非常に複雑で説明が困難である。しかし、腫瘍が存在するときのように、広範囲に脳が損傷された場合には、変化が容易にみつけられる。またてんかんという古い〝神聖な病気〟（一七頁参照）はＥＥＧの変化の形であらわれる。

しかしながら、電位は完全な答えであるわけではない。神経末端にそって移動する電気的な刺激は、それ自身は二つのニューロンの間のシナプスの間隙を横切ることはできない。何か他のものが横切り、次のニューロンに新しい電気的刺激をおこすに違いない。ドイツの生理学者、レーヴィ（Otto Loewi 一八七三〜一九六一年）は、一九二一年に、神経刺激は電気的な変化と同様に化学的な変化ももつことを示した。刺激された神経によって遊離された化学物質がシナプスの間隙を横切る。その特殊な化学物質は、すぐにイギリスの生理学者、デール（Henry Hallett Dale 一八七五〜一九六八年）によって、〃アセチルコリン〃とよばれる化合物であることが検証された。

他の化学物質もそれぞれの様式で神経作用に関係することが発見されている。あるものは、精神疾患の症状をおこすことがみつけられている。このような**神経化学**はまだ揺籃（ようらん）期であるが、やがては人間の心を研究する強力な新しい方法となるであろうと期待されている。

（1）訳注　ゴルジ体は近年、電子顕微鏡などによる研究で、細胞内での分泌作用を主要な機能とすることがわかっている。

第一一章　血液

ホルモン

ニューロン説は、胚種説と同様に絶対的なものではなかった。それは、いつも成り立つとは限らなかった。神経にそって生じる電気的な伝達がからだの唯一の調節ではなかった。血液の流れを通して行われる化学的な伝達もあったのである。

たとえば、一九〇二年に、二人のイギリスの生理学者、スターリング（Ernest Henry Starling 一八六六～一九二七年）とベーリス（William Maddock Bayliss 一八六〇～一九二四年）は、膵臓（すいぞう）（大きな消化腺）へ続くすべての神経を切ってしまったときでも、それがなお役割を果たしていることをみつけた。すなわち、胃の酸性の食物が腸に入るやいなや、消化液を分泌した。胃酸の影響下で小腸の内層がスターリングとベーリスが〝セクレチン〟と名づけた物質を分泌することがわかった。膵液の分泌の刺激となるのは、このセクレチンであった。二年後、スターリングはある他の一つまたはいくつかの器官を活動させるために特定の〝内分泌腺〟から血液中に放出されるすべての物質に対して、一つの名前を提案した。その名前は、ギリシャ語の〝活動を引きおこす〟という意味の語に由来した〝ホルモン〟である。

ホルモン説は非常にみのりが多かった。というのは、血液中にほんのわずかに流れている多種類のホルモンが、からだの化学反応の微妙な平衡を保つため、あるいは変化が必要なところではうまく調節された変化をおこすために、その効果が精巧に組み合わされていることがわかったからである。すでに、日系アメリカ人の化学者、高峰譲吉（一八五四～一九二二年）は、一九〇一年に現在エピネフリン（あるいは商標名であるアドレナリン）とよばれている物質を副腎から分離し、それはホルモンとして実際に認められた。これは、その構造が確定された最初のホルモンである。

ホルモンに支配されていると早くから考えられていた一つの過程は、基礎代謝率である。マグヌス・レヴィはBMR（基礎代謝率）と甲状腺の病気との間に関係があることを示した（一四〇頁参照）。そして、アメリカの生化学者、ケンドル（Edward Calvin Kendall 一八八六～一九七二年）は一九一五年に甲状腺から物質を分離し、〝チロキシン〟と名づけた。これは、少量でからだのBMRを調節するホルモンであることが実際にわかった。

しかし、初期のホルモンの研究で最もめざましい結果が得られたのは、糖尿病との関係である。この病気は、からだがエネルギーを得るため糖を分解する過程が不調になり、そのため患者の血液中に異常な高濃度で糖が蓄積される。ついに、からだは尿によって過剰な糖を除くことを余儀なくされ、尿中に糖があらわれるのがこの病気が進んだときの症状である。二〇世紀まで、この病気は確実に死をもたらした。

この病気に膵臓が何らかの関係があるのではないかという疑いがでてきた。というのは、一八九三年に二人のドイツの生理学者、メリング（Joseph von Mering 一八四九〜一九〇八年）とミンコフスキー（Oscar Minkowski 一八五八〜一九三一年）が実験動物の膵臓を取り除いたら、重症の糖尿病が急に進んだのをみつけたからである。スターリングとベーリスによってホルモンの概念が一度提議されると、膵臓がからだの中の糖を分解するのを調節するホルモンをつくり出しているという考えが論理的なように思われた。

しかし、ケンドルが甲状腺からチロキシンを分離したように、膵臓からホルモンを分離する試みは失敗した。いうまでもなく、膵臓のおもなはたらきは消化液の生成で、そのため膵臓は多量のタンパク質分解酵素を含んでいる。もし、そのホルモン自身がタンパク質であるなら（実際そうであることがわかった）、それは抽出の過程で分解されてしまうであろう。

一九二〇年にカナダの若い医師、バンティング（Frederick Grant Banting 一八九一〜一九四一年）は、生きている動物の膵臓の導管をしばり、しばらくその腺を放置するということを考えついた。膵臓の消化液を分泌する組織は、液を放出できないのではたらかなくなるであろうし、ホルモンを血液の流れに直接分泌している部分ははたらきを続けるであろう（と彼は期待した）。一九二一年に、彼はトロント大学で実験する場所を得て、助手のベスト（Charles Herbert Best 一八九九〜一九七八年）とともにこの考えを実行した。彼は成功し、〝インシュリン〟というホルモンを分離した。インシュリンを用いることで糖尿病は調節できるようになった。しかし、糖尿病は現在でも完全になおすことはできず、かなり正常な状態で生命を長引かせることはできるが、患者は一生、あきあきする処置に従うことが要求される。

その後、他のホルモンが分離された。卵巣と精巣から〝性ホルモン〟（思春期に二次性徴を発達させ、女子の性周期を支配する）が、ドイツの化学者、ブーテナント（Adolph Friedrich Johannes Butenandt 一九〇三〜九五年）によって、一九二九年とその後の何年間かの間に分離された。

チロキシンの発見者であるケンドルのような人々や、ポーランド系スイス人、ライヒシュタイン（Tadeus Reichstein 一八九七〜一九九六年）は、副腎の外側の部分

（すなわち〝皮質〟〔cortex〕）から〝コルチコイド〟（corticoids）というホルモンのなかま全部を分離した。一九四八年に、ケンドルのなかまの一人、ヘンチ（Philip Showalter Hench 一八九六～一九六五年）は、これらのコルチコイドの一つである〝コーチゾン〟がリューマチ性関節炎にきくことを示すことができた。

脳の下部にある小さい構造である脳下垂体は、アルゼンチンの生理学者、ウサイ（Bernardo Alberto Houssay 一八八七～一九七一年）によって、一九二四年に糖の分解に何らかの関係をもつことが示された。後に同じような重要な他の機能をもつこともわかった。中国系アメリカ人の生化学者、リー（Cho Hao Li 一九一三～八七年）は一九三〇年代と一九四〇年代にこの腺から多くの異なったホルモンを分離した。たとえば、一つは〝成長ホルモン〟で、それは成長の全体の割合を調節する。過剰につくられると巨人になってしまうし、不足すると小人になってしまう。ホルモンを研究する**内分泌学**は、二〇世紀中葉の生物学に非常に複雑な様相をもたらしたが、同時にまた非常に生産的なものでもあった。

血清学

血液がホルモンを運ぶ機能は、一九世紀も終わりに近づいたころ発見された血液の新しい役割の唯一のものであった。血液はまた抗体の運搬者として役立つ。そして、こうすることによって、感染に対する一般的な防壁となっている（一世紀半ほど前まで、医師たちが病人を助ける最上の方法は、いくらかの血液を放出させることであると実際に考えていたのは、現在では信じがたいことである）。

微生物に対して血液を用いた功績は、コッホ（一六二頁参照）の助手の二人の研究に当然与えられるべきである。この二人は、ドイツの細菌学者、ベーリング（Emil Adolf von Behring　一八五四～一九一七年）とエールリヒ（Paul Ehrlich　一八五四～一九一五年）である。ベーリングはある動物に病原菌を注射し、それに対する抗体を血液の液体部分（〝血清〟）中につくらせることができることを発見した。その後その動物から血液をとれば、抗体を含む血清を他の動物に注射できる。そして、注射された動物は、しばらくの間その病気に対する免疫ができるであろう。

ベーリングはこの考えをジフテリアに対して試みようと思いたった。この病気は特に子どもがかかり、ほとんど確実に死をもたらした。もし子どもがこの病気から生き残れば、その子どもはそれ以後は免疫があった。しかし、なぜ細菌の毒素に対する闘いの中で子ども自身が抗体をつくるのを待つのだろうか。なぜ、最初に動物体内に抗体をつくり、病気の子どもに抗体血清を、注射しないのだろうか。これはジフテリアが流行した一八九二年に実行され、そしてこの処置は成功した。

エールリヒはこの実験でベーリングといっしょにはたらき、実際の処置で投薬や技術を受けもったのはエールリヒであったらしい。二人はけんかし、その後エールリヒは独自に研究した。そして、血清の使用法をより完全にし、血清の技術を研究する**血清学**の真の創始者であると考えられている（これらの技術が病気に対する免疫をつくり上げることを含む場合には、その研究は**免疫学**とよぶことができる）。

ベルギーの細菌学者、ボルデ（Jules Jean Baptiste Vincent Bordet 一八七〇～一九六一年）はこの科学の初期におけるもう一人の重要な血清学者であった。一八九八年、パリのメチニコフ（一五九頁参照）のもとで研究していたとき、彼は血清を五五度に加熱してもその中にある抗体は本質的に変化しないことを発見した。というのは、それらが加熱される前に結合するある化学物質（抗原）となお結合するからである。しかし、細菌を破壊する血清の能力は消失する。たぶん、血清の中にある非常にもろい物質あるいは物質群が、細菌と反応する前に、抗体を補足するものとしてはたらかねばならないのであろう。ボルデはこの物質を〝アレクシン〟とよんだが、エールリヒは単刀直入に〝補体〟と名づけ、今日その名で知られている。

一九〇一年に、ボルデは抗体が抗原と反応するとき、補体は使いつくされることを示した。この〝補体結合〟の過程は、梅毒の診断方法として重要であることがわかった。これはドイツの細菌学者、ワッセルマン（August von Wassermann 一八六六～一九二五年）によって研究され、〝ワッセルマン反応〟として今なお知られている。ワッセルマン反応では、患者の血清はある抗原と反応させられる。もし梅毒菌に対する抗体が血清中にあると、反応がおこり、補体が使いつくされ、補体の消失が梅毒の証拠になる。もし補体が消失しなければ、反応はおこらず、梅毒ではない。

血液型

二〇世紀の開幕には、予期されない血清学の勝利がみられた。それは病気についてではなく、人間の血液における個体差についてであった。

歴史を通じて、医師たちはときどき多量の出血で失われた血液を、健康な人間あるいは他の動物から得た血液を患者の血管に注入しておぎなおうとした。たまには成功したが、それらの処置によってしばしば死が早められた。そして、一九世紀の終わりまでには、大部分のヨーロッパの国々はそのような輸血をする試みを禁止した。

オーストリアの医師、ラントシュタイナー（Karl Landsteiner 一八六八～一九四三年）は、この問題に対する鍵をみつけた。一九〇〇年に、彼は人間の血液が赤血球を凝固させる血清の能力において違いがある(すなわち、それらが凝着するのを引きおこす能力に違いがある)ことを発見した。血清の一つの試料はAという人の赤血球を凝着させるが、Bという人のは凝着させない。もう一つの試料は、逆にBの赤血球を凝着させるが、Aからのは凝着させない。さらに別の試料は両方とも凝着させ、なおもう一つのはどちらも凝着させない。一九〇二年までに、ラントシュタイナーは、人間の血液を四つの血液型(blood groups, blood types)に分け、それらをA、B、AB、Oと名づけた。

一度これがなされると、一定の組み合わせで輸血が安全であるのを示すのは簡単な仕事であった。他の結合だと、入ってきた赤血球は凝着し、かなり致命的な結果をもたらす。患者と供給者の両者の血液型を注意深くあらかじめ知っておくことをもとにした輸血は、すぐに医術の重要な助手となった。

続く四〇年の間にラントシュタイナーおよび他の人々は、輸血に影響しないさらに多くの血液型を発見した。すべてこれらの血液型はメンデルの遺伝の法則にしたがって遺伝する(一九一〇年に最初に示されたように)。そして、それは現在〝親子鑑別テスト〟の基礎になっている。両親ともA型の血液型であれば、子どもにB型はできるはずがない。そしてそのような子どもは病院でとり違えられたのか、父親がそうだと思われていた人と違うのかどちらかである。

血液型はまた〝人種〟についての古くからの問題についても、合理的な解決を与えるようになった。人々はつねに他の人々をいくつかの群に分けた。それもふつうは自分たちの集団が〝より優秀である〟といういくつかの主観的で感情的な理由によってであった。しろうとは人間をその皮膚の色をもとにして人種に分けようとしたがる。

個人々々の間の差違が漸進的で、はっきりしていないこと、それが種類というよりもむしろていどの問題であるということは、ベルギーの天文学者、ケトレ（Lambert Adolphe Jacques Quetelet 一七九六〜一八七四年）により初めて明らかにされた。彼は人間の研究に統計的な方法を応用し、それによって**人類学**（人間の自然史を研究する学問）の創始者と考えられている。

彼はスコットランドの兵隊の胸を測定し、フランス軍の召集兵の背の高さをはかり、その他それに類したことを測定して記録した。一八三五年頃、さいころの目の数や的にあいた弾痕の散らばりに期待されるのと同じような割合で、これらに平均からの変異があることをみつけた。このようにして、無作為が人間の領域に侵入してきた。そして、さらにもう一つの方法で、生物が生命のない宇宙を支配するのと同じ法則にしたがうことが示された。

スウェーデンの解剖学者、レチウス（Anders Adolf Retzius 一七九六～一八六〇年）は、人種の問題にそのような人類学的な測定をあてはめようと試みた。頭の長さに対する幅の割合を一〇〇倍したものを、彼は〝頭示数(とうしすう)〟と名づけた。頭示数八〇以下は〝長頭〟であり、八〇をこえる場合は〝短頭〟である。この方法で、ヨーロッパ人は〝北欧人〟（背が高く、長頭）、〝地中海沿岸人〟（背が低く、長頭）、〝アルプス系人〟（背が低く、短頭）に分けることができる。

これは思ったほど満足なものではなかった。それらはその差が小さく、ヨーロッパ以外ではあてはまらなかった。また頭示数は固定したものでも、生まれつきのものでもなく、ビタミン欠乏症や幼児がおかれた環境によって変化しうる。

しかし一度血液型が発見されると、これを分類に用いる可能性が魅力的であることがわかった。一つには、それらは目にみえる特徴ではなく、したがって人種差別に対する手軽な指標として用いることができないからである。それらは真に生まれつきのもので、環境によって影響されず、また男性も女性も血液型を考慮して相手を選ぶ（目にみえる特徴によってそうするかもしれないように）ことはしないので、世代が下るにつれて自由にまざってくる。

いかなる血液型も一つの人種を他の人種と区別するために用いることはできなかっ

た。しかし、多数の人が比べられるとすべての血液型の平均の分布は有意義になった。人類学のこの分野の指導者は、アメリカの免疫学者、ボイド（William Clouser Boyd 一九〇三〜八三年）である。一九三〇年代以来、彼と彼の妻は住民の血液型を調べながら、地球上のさまざまな場所を旅行した。こうして得られたデータと他からの同様なデータから、一九五六年にボイドは人種を一三の群に分けることができた。これらの大部分は論理的な地理的区分にしたがっていた。しかしながら、意外だったのは、〝Rhマイナス〟という血液型が異常に高い頻度で存在するという特徴をもつ〝初期ヨーロッパ人〟の人種が存在したことであった。初期ヨーロッパ人は現代ヨーロッパ人によってほとんどとってかわられたが、残存者（バスク人）は今でもなお西ピレネーの山のけわしいところに生き残っている。

血液型の頻度は、有史以前の移動の跡をたどるのに使うことができるし、有史以前でなくともあるものには使える。たとえば血液型Bの割合は中央アジアの住民の間で最も高い。そして、西や東のほうへ行くにつれて頻度が落ちる。これが西ヨーロッパ全域でみられることは、フン族やモンゴルのような中央アジア遊牧民による古代および中世のヨーロッパへの定期的な侵入の結果であると、ある人は考えている。

ウイルス病

ところで、二〇世紀の血清学はパスツールやコッホのころまで知られていなかった型の微生物との闘いに対して、最もめざましい成功をおさめた。パスツールは、彼の胚種説によると疑いもなく微生物によって引きおこされるはずの、明らかに伝染性の病気である狂犬病の病原体をみつけることができなかった。パスツールは、その微生物は存在するが、その当時の技術で検出するには小さすぎるということを示唆した。この点でも彼が正しいことがわかった。

病原体がふつうの細菌よりはるかに小さいこともありうるという事実は、タバコがかかる病気（タバコモザイク病）によって、真実であることが示された。病気にかかった植物からの汁が健全なものを感染させるということがわかった。一八九二年に、ロシアの植物学者、イワノフスキー（Dmitri Iosifovich Ivanovski 一八六四〜一九二〇年）は、今までに知られているいかなる細菌も通過できないほど、目の細かい濾過器で濾過しても、その汁はなお感染力をもっていることを示した。一八九五年に、このことは、オランダの植物学者、ベイエリンク（Martinus Willem Beijerinck 一八五一〜一九三一年）によって独自に発見された。ベイエリンクはこの病原体を、

〝濾過性ウイルス〟と名づけた。ウイルスというのは、単に〝毒〟という意味である。これが**ウイルス学**の始まりである。

他の病気もこのような濾過性ウイルスによっておこされることがわかった。ドイツの細菌学者、レフラー（Friedrich August Johannes Löffler 一八五二〜一九一五年）は一八九七年に、口蹄疫[1]がウイルスによっておこされることを示すことができた。一九〇一年に、リード（一六五頁参照）は黄熱病に対して同じことを示した。これらは、ウイルスによっておこされることが示された最初の動物の病気であった。ウイルスによっておこされる病気は、ほかにも、急性灰白髄炎・はしか・おたふくかぜ・水痘・インフルエンザ・ふつうの風邪などがある。

これと関連して、ミイラ取りがミイラになる、すてきな事例が一九一五年に生じた。イギリスの細菌学者、トゥオート（Frederick William Twort 一八七七〜一九五〇年）は、細菌の集落がぐずぐずになり、消えるのをみた。彼はこの消失した集落を濾過し、その濾液が正常な集落を消失させる何かを含んでいることをみつけた。明らかに、細菌自身がウイルス病にかかっていた。このように、寄生者はさらに小さい寄生者に悩まされていた。カナダの細菌学者、デレル（Félix Hubert d'Hérelle 一八七三〜一九四九年）は、一九一七年、独自に同様な発見をし、バクテリアにたかるウイルスを〝バクテリオファージ〟（バクテリアを食べるもの）と名づけた。
ウイルスによって生じる病気の目録をつくるさいに、癌は謎として残さねばならない。癌は二〇世紀における殺人者としてしだいしだいに重要になってきた。というのは、他の病気は征服され、残ったもの（癌もその中に入っている）で死ぬ人間の割合が多くなったからである。癌の成長が冷酷に進行すること、しばしば長引き、苦しい死をもたらすことは、癌を今日人類にとって最もおそろしいものの一つにしてしまった。

胚種説が最初成功していた間は、癌が細菌性の病気であることがわかるであろうと考えられていた。しかし、細菌はみつからなかった。ウイルスの存在が確立して後、癌ウイルスが探されたが、やはりみつからなかった。このことは、癌が伝染性でないという事実とともに、多くの人々に癌はまったく病原体によるのではないと考えさせた。

たとえそうであっても、一般的な癌をおこす一般的なウイルスはみつかっていないが、特定の型の癌に対する特定のウイルス様のものがみつかったというのも事実である。一九一一年、アメリカの医師、ラウス（Francis Peyton Rous 一八七九〜一九七〇年）は、〝肉腫〟とよばれる腫瘍の一種をニワトリで研究していた。その中で、特に彼は肉腫がウイルスを含んでいるかを調べようと決めた。彼はそれをつぶして濾過した。濾液は他のニワトリに腫瘍をつくり出すことを彼はみつけた。彼自身はこれをウイルスの発見とよぶ勇気はなかったが、他の人々がそうよんだ。

約二五年間にわたって、〝ラウスのニワトリの肉腫ウイルス〟は、癌を引きおこす伝染性のものの唯一のはっきりした例であった。しかし、一九三〇年代以後に、さらにいくつかの例が発見された。それにもかかわらず、事実は不明瞭で、癌の研究（腫瘍学）はなお医学の主要な、悩み多い分野である。

ウイルスが発見されて後四〇年間ぐらいは、その物理的性質は未知のままであったが、このことはウイルス病を処置するための理論的な前進をさまたげなかった。実際、医学により最初に征服された病気である天然痘は、ウイルスによるものである。天然痘を防ぐ種痘は、人体に天然痘ウイルスに特異的に反応するウイルスをつくらせた。そして、これは血清学的技術の一種である。おそらく、あらゆるウイルス性の病気は、血清学的処置によっておさえることができるであろう。

ここで困難なことは、重大な症状をおこさず、しかも有毒な株に対する必要な抗体の生産をおこさせるようなウイルスの株（天然痘について牛痘がしたような役割と同じような）をみつけねばならないことである。この攻撃のしかたは、パスツールが細菌性の病気に対抗するのに使ったが、細菌はたいした苦労をしないでも培養でき、無毒な株をつくらせるのが簡単にできる。

不幸にも、ウイルスは生きている細胞内でしか生存することができず、これが問題の困難さを増加させる。そこで、南アフリカの微生物学者、タイラー（Max Theiler 一八九九〜一九七二年）は、一九三〇年代に苦心して黄熱病ウイルスを、最初サルに、次にハツカネズミにうつして黄熱病のワクチンをつくった。ハツカネズミの中では、それは脳炎の形になった。彼はウイルスをハツカネズミから他のハツカネズミへとうつし、最後にサルにもどした。これによって、弱い黄熱病しか引きおこさず、しかも有毒なウイルスの株に対する十分な免疫を与える無力なウイルスができた。

一方、コッホの培養基と類似した生命をもつものが、アメリカの医師、グッドパスチュア（Ernest William Goodpasture 一八八六〜一九六〇年）により発見された。一九三一年、彼はウイルスの培養基として、生きているニワトリの胚を使い出した。殻の頂上をとると、殻の残りは天然のペトリ皿（一六三頁参照）として役立つ。一九三七年までに、タイラーによって、二〇〇回ほどもニワトリの胚から胚へと植えついだものの中から無毒のウイルス株を選択した後、より安全な黄熱病ワクチンがつくられた。

新しい血清学的技術のうちで、最もすばらしい業績は灰白髄炎ウイルス[2]に関するものであった。このウイルスは、最初この病気をサルにうつしたラントシュタイナー（二〇一頁参照）によって一九〇八年に初めて分離された。しかし、サルは高価で、むずかしい実験動物であり、多数の感染したサルによって無毒の株をみつけるのは実用的ではない。

アメリカの微生物学者、エンダース（John Franklin Enders 一八九七〜一九八五年）は二人の若い仲間、ウェラー（Thomas Huckle Weller 一九一五〜二〇〇八年）およびロビンス（Frederick Chapman Robbins 一九一六〜二〇〇三年）とともに、一九四八年にウイルスを血に浸した、つぶしたニワトリの胚で培養してみた。この種の試みは以前に他の人々によって行われていたが、つねに失敗していた。というのは、ウイルスがふえようとふえまいと、急速にふえた細菌によって培養基がみたされてしまうからである。しかし、エンダースはそのころつくられたペニシリンを培養基に加えることを考えた。ペニシリンはウイルスに影響しないで、細菌の成長をとめた。そしてこの方法で、彼はやっと耳下腺炎[3]のウイルスを培養した。

彼は次にこの技術を灰白髄炎ウイルスにためしてみた。そして、一九四九年にまたもや成功した。今やウイルスは容易に、しかも適当な性質をもつ無害なウイルスを数百の株の中からさがし出せるほど多量に、培養することができるようになった。ポーランド系アメリカ人の微生物学者、セービン（Albert Bruce Sabin 一九〇六～九三年）は、一九五七年までに灰白髄炎の三つの型のウイルスおのおのに対する無害な株をみつけ、この病気に対する有効なワクチンをつくった。

同様な方法で、エンダースとその仲間のカッツ（Samuel Lawrence Katz 一九二七～　）は、一九六〇年代の初めに、はしかウイルスの無毒な株をつくり出した。これは、この子どもの病気の脅威を終わらせるワクチンとして役立つかもしれない。

アレルギー

からだの免疫のしくみは、つねにわれわれに対して有利なやり方で使われるわけではない。からだは、無害と思われるものさえ含めて、あらゆる外からのタンパク質に対して抗体をつくる能力をもっている。一度からだがこのようなやり方で〝敏感になる〟と、からだはさまざまな難儀な方法でタンパク質との接触に反応する。――鼻の中の粘膜がはれたり、粘液が余分につくられたり、せきをしたり、くしゃみをしたり、涙が出たり、肺の気管支の収縮（〝ぜんそく〟）がおきたりする。一般に、そのからだは〝アレルギー〟になる。ごくふつうには、アレルギーはある食物の成分に対してである。患者は食物に注意しないと、むずがゆいできもの（〃じんましん〃）で苦しめられる。または、植物の花粉に反応して、ある時代に間違って〃枯草熱〃と名づけられたもので悩まされる。

抗体は他人（完全に外国人のでさえ）のタンパク質に対してつくられるので、おのおのの人は（双生児を除いて）化学的に別々な人である。この理由によって、皮膚やある器官を人から人へ移植する試みは実用的ではない。現代の技術によって感染が防がれた場合ですら、移植をうけた患者はそれを排除するために必要な抗体をつくり出す。これは輸血の困難さと似ているが、人間の組織は血液型のようにいくつかの総括的な型に分けることができないので、問題はもっと大きくなる。

生物学者がしばらくの間からだの一部分を生かしておくことができるようになったので、このことは不運なことである。実験動物から取り出された心臓はしばらくの間たいした手数もかからず拍動している。そして、一八八二年にイギリスの医師、リンガー（Sydney Ringer 一八三五〜一九一〇年）は、ふつう血液内にみられる割合でさまざまな無機塩類を含む溶液をつくりあげた。これは、かなり長い間、遊離した器官を生かしておくための人工的な循環液としてはたらく。

適当なイオン濃度の栄養液によって、器官を生かしておく技術は、フランス系のアメリカ人の外科医、カレル（Alexis Carrel 一八七三〜一九四四年）によって、すばらしいものに発達した。彼はニワトリの胚の心臓の切片を、二〇年間以上生かし、成長させた（それは周期的に手入れをしなければならなかった）。

もし、不利益な抗体反応がなければ、生命を救うために器官が必要とされるとき、器官移植の可能性は輝かしいものになったであろう。抗体反応があっても、目の角膜のようなものの移植はふつうに行うことができるし、一九六〇年代に腎臓の移植がときどき成功している。

一九四九年に、オーストラリアの医師、バーネット（Frank Macfarlane Burnet 一八九九〜一九八五年）は、外から入ったタンパク質に対する抗体をつくる生物の能力は、まったく生まれつきのものではなくて、一生のある時期、たぶんごく初期のころに、つくられていくのではないかと示唆した。イギリスの生物学者、メダワー（Peter Brian Medawar 一九一五〜八七年）は、ハツカネズミの胚に他の系統（近い世代に共通な祖先をもたないもの）のハツカネズミの組織を移植することで、この考えをためしてみた。もし胚がまだ抗体をつくる能力をもっていなければ、時がたつとそれは独立した生命になり、抗体をつくることができる。移植された外からのタンパク質は、もはや外からのもののように思われない。これが実際にそのとおりであることがわかった。胚に移植されたハッカネズミは、成長してからもし移植されなかったならばそうすることができなかったであろうと思われる系統からの皮膚の移植を受けることができた。

一九六一年に、以前はどんなはたらきをもっているかわからなかった胸腺が、抗体を形成するからだの能力のみなもとであることがわかった。胸腺は抗体をつくるはたらきのあるリンパ球（白血球の一変種）をつくり出す。誕生直後に、胸腺でつくられたリンパ球はリンパ節へいき、血液の流れに入る。しばらくして、リンパ節は自分でやっていけるようになり、思春期にその使命を果たした胸腺は縮み、消失してしまう。器官移植を可能にするこの新しい発見の影響はこれからあらわれるであろう。

（1）訳注　ウシ・ブタ・ヒツジ・ヤギなどの有蹄類がかかる病気で、感染力が強く、発熱やよだれを流すとともに、口腔の粘膜・舌・くちびる・蹄部の皮膚・乳房などに多くの水疱を生じる病気。接触や食物により、人にも感染し、似た症状になる。

（2）訳注　俗に小児麻痺またはポリオともいわれる。小児麻痺の中で脳性小児麻痺とよばれるのは、このウイルスとは関係がない。

（3）訳注　俗におたふくかぜという。

第一二章　物質代謝

化学療法

細菌病を駆逐するほうが、ウイルス病を駆逐するよりいくらか容易である。前章で説明したように、細菌は培養がよりたやすく、さらに細菌はより弱い。細胞外で生きているとき、細菌は食物について競争したり、有毒物質を放出したりして、損害を与えることができる。しかし、その化学的な機構、つまり物質代謝は、一般に宿主細胞のとは少なくともいくつかの点で違いがある。それゆえ、細菌は宿主細胞の物質代謝に重大な影響を与えないで、細菌の物質代謝を不調にする化学物質に対して弱いかもしれないという見込みがつねに存在する。

病気に対して化学薬品を用いたのは、有史以前からである。現代まで数世代にわたって経験的に伝えられてきた〝薬草〟およびその混合物は、ときどきいくらか役に立った。マラリア病原虫に対するキニーネの使用は、民間の薬として始まり、後に医師に受け入れられた化学薬品の最も有名な例である。

しかし、天然にはない合成有機物の出現によって、さらに多くの特効薬がみつかるかもしれない、すなわちすべての病気はそれに特別に効く化学薬品があるかもしれないという可能性が生じた。この観点に立つ初期の偉大な首唱者はエールリヒ（一九九頁参照）であった。彼は病原菌を探し出し、からだの細胞をそこなわないでそれを殺してしまう〝魔法の弾丸〟のような化学薬品について語った。

彼は細菌を染色する色素を研究していた。そして、これらの色素が細菌の細胞のある成分と特異的に結合するので、これらの色素は細菌の作用機構に害を与えるにちがいなかった。彼はふつうの細胞をあまりひどくそこなわないで、細菌を染める物質をみつけようと期待した。実際、彼は眠り病のような病気の原因となるトリパノゾーマ（細菌というよりむしろ原生動物であるが、原理は同じである）を殺すのに役立つ〝トリパン・レッド〟という色素を発見した。

エールリヒはもっとよいものを探し続けた。彼はトリパン・レッドのはたらきは、それに含まれる窒素化合物によって生じることを明らかにした。ヒ素原子は化学的な性質が窒素原子と似ているが、一般に化合物をさらに有毒性にする。エールリヒはそれによりヒ素化合物を考えるようになった。彼はみつかる限り、あるいは合成しうる限りのヒ素を含む化合物全部、つまりそれらの数百を、次から次へとためし始めた。

一九〇九年、彼の助手の一人がトリパノゾーマに対して試みて効果がなかった六〇六番の化合物が梅毒の病原体に有効であることを発見した。エールリヒはその化学物質に〝サルバルサン〟（今日もっとよく用いられる同じ意味の語は〝アースフェナミン〟であるが）という名をつけ、彼の余生を、梅毒を治療するためこれを用いる技術の改善についやした。

トリパン・レッドとサルバルサンは近代的な**化学療法**（"chemotherapy"——エールリヒがつくった語で、化学物質で病気を処置すること）のさきがけとなった。そして、しばらくの間、他の病気も同じように治療されるという期待は大きかった。不幸なことに、アースフェナミンの発見後二五年間、合成有機化合物の膨大なものがそれ以上のものでないように思われた。

しかし、そのうち別の幸運がおとずれた。ドイツの生化学者で医師でもあるドーマク（Gerhard Domagk 一八九五～一九六四年）は、染料会社にはたらいている間に、色素の中でひょっとすると医薬を発見できるかもしれないと考えて、新しい色素を系統的に調べ始めた。色素の一つは新しく合成された〝プロントジル〟という商標名をもつ、橙赤色の化合物であった。一九三二年に、ドーマクはこの色素を注射するとハツカネズミの連鎖状球菌の感染に強い効果をもつことを発見した。

彼はそれをさっそく人間に試みる機会をもった。彼の幼い娘は針が刺さった跡が連鎖状球菌に感染していた。ドーマクが無鉄砲にも多量のプロントジルを注射するまで、どんな治療も効き目がなかった。彼女は劇的に回復し、一九三五年までに世界中の人々はこの新薬のことを知った。

それからまもなく、フランスの細菌学者たちのグループによって、プロントジルの分子のすべてが抗細菌効果をあらわすのに必要ではないことがわかった。〝サルファニルアミド〟（一九〇八年以来知られている化合物）とよばれるほんの一部分が、効果のもとであった。サルファニルアミドとそれに関係ある〝サルファ〟化合物の使用は、〝驚くべき薬〟の時代を開幕した。多くの伝染病、とりわけいくつかの肺炎は、にわかにそのおそろしさがなくなった。

抗生物質と殺虫剤

しかし、化学療法の最も偉大な成功はアースフェナミンやサルファニルアミドのような合成化合物によるのではなくて、天然物によるものであった。フランス系アメリカ人の微生物学者、デュボス（René Jules Dubos　一九〇一〜八二年）は土壌微生物に興味をもった。結局、土壌はありとあらゆる病気をもった動物の死体を受け入れるが、まれな場合以外は、それ自身が伝染病の貯蔵庫ではなかった。明らかに、土壌の中には抗細菌性のものがあった（そのような物質は、後に〝生物に対抗する〟という意味の〝抗生物質〟とよばれるようになった）。

一九三九年、デュボスは土壌細菌から最初の抗生物質である〝チロスリシン〟を分離した。それはそれほど有効な物質ではなかったが、一〇年前に、スコットランドの細菌学者、フレミング（Alexander Fleming 一八八一～一九五五年）によってなされた観察にふたたび興味をよびおこした。

一九二八年に、フレミングは、ブドウ状球菌を培養したものを数日間ふたをしないでほうっておいた。彼はそのままにしておいて、その培養基を入れた皿を捨てようとしたとき、いくつかのカビの斑点がその中に入りこみ、各斑点のまわりには、細菌の集落が少しばかりなくなっていた。

フレミングはそのカビを分離し、ついにそれが古くなったパンによくはえているカビのふつうの種類とごく近い関係にあるペニシリウム・ノターツム（*Penicillium notatum* アオカビの一種）であることを確認した。フレミングは、そのカビがある化合物、少なくとも細菌の成長を阻害する物質を放出することを明らかにした。彼はその物質を、それが何であっても、〝ペニシリン〟とよんだ。彼はそれがある細菌に作用し、他の細菌には作用しないこと、それは白血球に有害でないので、たぶん人間のほかの細胞にも有害でないであろうということを証明する観点で研究した。ここで、彼はその努力をやめねばならなかった。

しかしながら、一九三九年にデュボスの研究のおかげで抗生物質（ペニシリンは明らかにその一例である）への関心が高まった。さらに、第二次世界大戦になって、伝染性の負傷と闘うためのどんな武器も歓迎されるようになった。オーストラリア系イギリス人の病理学者、フローリイ（Howard Walter Florey 一八九八〜一九六八年）は、ドイツ系イギリス人の生化学者、チェイン（Ernst Boris Chain 一九〇六〜七九年）とともに、ペニシリンを分離し、その構造を決定し、いかにしてそれを多量につくり出すかという問題にとりくんだ。戦争が終わるまでに、彼らは大きな英米研究チームをひきいて、輝かしい成功をおさめた。ペニシリンは伝染病に対する医師の武器のはたらき馬となり、そして現在もそうである。

戦後、他の抗生物質が探され、みつけられた。ロシア系アメリカ人の細菌学者、ワックスマン（Selman Abraham Waksman 一八八八〜一九七三年）は、エールリヒが合成物質でやったように、土壌微生物を体系的に研究した。一九四三年に、彼はペニシリンには作用されない多くの細菌に対して効き目がある抗生物質を分離した。一九四五年に、それは〝ストレプトマイシン〟として市場に出た（ついでながら、〝抗生物質〟という名をつくったのは、ワックスマンである）。

一九五〇年代の初めに、〝広く効く抗生物質〟（broad-spectrum antibiotics――特に広い範囲の細菌に効き目がある抗生物質）が発見された。これらは、〝アクロマイシン〟や〝オーレオマイシン〟のような商品名で一般によく知られている〝テトラサイクリン類〟である。

細菌性の病気は抗生物質の発見の結果、抑制されたので、ほんの一時代前には非常に楽観的のように思われた。けれども将来は、それほど楽観的なものではない。自然選択の結果、抗生物質に自然の抵抗性をもつ細菌の株が生き残る。それで、時がたつにつれて、特別な抗生物質はだんだん効かなくなる。新しい抗生物質がきっと発見されるだろうから、すべてがなくなることはないであろう。それでも、全部成功することもないであろうし、決して成功しないかもしれない。

一般に、さまざまの化学療法剤はウイルスに効き目がない。それらは生きている細胞内で増殖し、細胞自身を殺した場合にのみ化学的攻撃で殺すことができる。しかし、もっと間接的な攻撃は成功するかもしれない。というのは、化学物質はウイルス自身を殺さないが、ウイルスを運ぶ多細胞生物を殺すかもしれないから。

たとえば、発疹チフスの病原体はキモノシラミによって運ばれる。シラミは、自由生活をしている力よりもずっと駆除しにくい（洗わない、古い着物を着た人のからだにしっかりとくっついているので）。黄熱病やマラリアは力を駆除すれば処理できるが、発疹チフスは依然としてたいへん危険で、第一次世界大戦の間、ロシアとバルカン地方で、ときにはそれが敵の大砲よりも両軍にとってもっと致命的であった。

一九三五年に、スイスの化学者、ミュラー（Paul Müller　一八九九〜一九六五年）は、他の動物の生命にそれほど影響しないで、昆虫をすみやかに殺すようなある有機化合物を発見するために立案された研究計画に着手した。一九三九年九月、彼は一八七四年に最初に合成された、〝ジクロロジフェニルトリクロロエタン〟（ふつうは〝DDT〟と省略される）がそういう作用をすることを発見した。

一九四二年に、DDTは商業的につくられ始めた。一九四三年には、英米軍に占領された直後のナポリでおこった発疹チフスの流行中に用いられた。住民はDDTを噴霧され、キモノシラミは死に、史上初めて冬期の発疹チフスの流行は直ちにくい止められた。同じような流行は、米軍の占領後の一九四五年の後半に、日本でも止められた。

第二次世界大戦以来、DDTや他の有機殺虫剤は、昆虫に対して病気を予防するためだけではなく、人間の食用の作物を荒らすのをおさえるためにも用いられた。除草剤もつくられた。これらは、昆虫を殺す薬といっしょに〝殺虫剤〟という名のもとに一括することができるであろう。

ここで、また昆虫の抵抗性をもつ系統が発達し、特異的な殺虫剤は時がたつにつれて効き目が少なくなってきた。さらに、殺虫剤を見さかいなく使うことは、いたずらに人間に無害な多くの生物を殺すおそれがあり、そしてそれは自然界の平衡をくずし、結局有益というよりは有害になる。

これは重大な問題である。生物の相互関係を研究すること（生態学）は、むずかしくまた複雑であり、現在多くは未解決のまま残されている。人は絶えず短期間の利益をはかるようなやり方で環境をかえている。しかし、生物の相互関係にもちこまれたゆがみが、一見重大そうでなくても、長期にわたって有害でありえないということは、決して完全に確かなことではない。

物質代謝の中間物質

昆虫、雑草、微生物に対して化学治療薬が効くのは、物質代謝の型に干渉するためである。――いいかえれば、生物の化学的な機構のサボタージュである。そのような薬品を探すことは、物質代謝のくわしい点に関する知識がふえるにつれて、ますます合理的になった。

この点について、イギリスの生化学者、ハーデン（Arthur Harden 一八六五～一九四〇年）は道を開いた。彼は酵母の抽出液の中の酵素に興味をもった（ブフナーが、酵母細胞そのものと同様に、糖を分解するはたらきがあることを示した抽出液――一五〇頁参照）。一九〇五年、ハーデンは、抽出液が糖を分解して初めは非常に早く二酸化炭素を生じるが、しだいに活性が下がることに気がついた。これは抽出液中の酵素がしだいに消耗していくことによると思われるであろう。しかし、ハーデンはそうでないことを示した。彼が少量のリン酸ナトリウム（簡単な無機化合物）を溶液に加えたところ、酵素はふたたび今までと同じようによくはたらくようになったのである。

無機リン酸塩の濃度は酵素反応が進行するにつれて減少するので、ハーデンはそれからできた有機のリン酸塩をさがし、二つのリン酸基が一つの糖分子に結合した形になっていることをつきとめた。これは〝中間代謝〟、つまり生物組織中で進行する化学反応の過程で中間体（しばしば非常に短命である）として形成される多くの化合物を研究すること、の研究の始まりであった。

この研究のおもな流れのいくつかは、まとめることができる。ドイツの生化学者、マイエルホーフ（Otto Fritz Meyerhof 一八八四～一九五一年）は、一九一八年とその後の数年間で、筋収縮において、グリコゲン（デンプンの一つの形）が消失し、一方それに相当する量の乳酸が生成することを示した。その過程では、酸素は消費されなかったので、エネルギーは酸素なしで得られた。次に筋肉が仕事後休止しているときに、いくらかの乳酸は酸化された（そのときは、〝酸素の負債〟を解消するために分子状の酸素が消費された）。そのようにしてつくられたエネルギーは、大部分の乳酸をふたたびグリコゲンにかえることを可能にする。イギリスの生理学者、ヒル（Archibald Vivian Hill 一八八六～一九七七年）は、筋収縮により生じる熱を精密に測定することによって、ほぼ同じころ、同じ結論に達した。

このグリコゲンが乳酸にかわるくわしい点は、一九三〇年代の間、チェコ系アメリカ人の生化学者、コリ（Carl Ferdinand Cori 一八九六～一九八四年）と彼の妻（Gerty Theresa Cori 一八九六～一九五七年）によって明らかにされた。彼らは今まで知られなかった化合物である、ブドウ糖－１－リン酸（現在も〝コリ・エステル〟とよばれている）を筋組織から単離し、これがグリコゲン分解の最初の産物であることを示した。苦心して彼らは一連の他の変化を通じて、ブドウ糖－１－リン酸を追跡し、おのおのの中間産物を分解の連続反応の中にあてはめた。中間産物の一つは、一世代前にハーデンによって検出された糖リン酸であることがわかった。

ハーデンとコリ夫妻が中間産物の研究で、有機化合物を含むリン酸をみつけたことは重要であった。二〇世紀の初めの三分の一を通じて、リン酸基は生化学的機構の中で重要な役割を果たしていることが、次々とわかってきた。ドイツ系アメリカ人の生化学者、リップマン（Fritz Albert Lipmann　一八九九〜一九八六年）は、リン酸基が分子内で、配列の二つの型、すなわち低エネルギーと高エネルギーのいずれかになることを示すことで、このことを説明した。デンプンや脂肪の分子が分解されると き、遊離したエネルギーは低エネルギーリン酸塩を高エネルギーリン酸塩にかえるのに用いられる。このようにして、エネルギーはつごうのよい化学的な形でたくわえられる。一つの高エネルギーリン酸塩の分解によって、体内におけるさまざまなエネルギーを消費する化学変化を引きおこすのに十分なエネルギーが遊離される。

その間に、グリコゲンの分解において乳酸の先にあり酸素を要求する段階は、ドイツの生化学者、ウァールブルグ（Otto Heinrich Warburg　一八八三〜一九七〇年）によって開発された新しい技術によって研究することができた。一九二三年に、彼は組織（まだ生きていて、酸素をとりこんでいる）の薄い切片をつくり、その酸素のとりこみを測定する方法を考案した。彼は、細いU字管付きの小さいフラスコを用いた。管の底に着色した溶液を入れた。組織によってつくられた二酸化炭素は、フラスコ内の小さなくぼみの中のアルカリ溶液に吸収される。空中の酸素は二酸化炭素とおきかわらないで吸収されるから、フラスコ内に部分的に真空が生じ、U字管内の液体はフラスコのほうへ吸い上げられる。注意深く制御された条件下で測定された液体の水面の変化の速度は、酸素のとりこみの速度をあらわす。

次に、このとりこみの速度に対する種々の化合物の影響が研究された。その速度が落ちた後にもしある特別な化合物が速度を回復させれば、その物質は酸素のとりこみに含まれる一連の反応の中間物質と考えることができるであろう。ハンガリーの生化学者、セント・ジェルジ（Albert Szent-Györgyi 一八九三～一九八六年）およびドイツ系イギリス人の生化学者、クレブズ（Hans Adolf Krebs 一九〇〇～八一年）はこの点で活躍した。実際、一九四〇年までに、クレブズは乳酸が二酸化炭素へかわるすべてのおもな段階を明らかにした。この一連の反応は、しばしば〝クレブズ回路〟とよばれる。もっと早く一九三〇年代に、クレブズはタンパク質の構成材料であるアミノ酸から老廃物、すなわち尿素が形成されるおもな段階を明らかにした。この過程で窒素が取り除かれ、アミノ酸分子の残りは、ほぼ半世紀前にルーブナーが示したように（一四〇頁参照）、分解してエネルギーを生じる。

細胞の内部の化学に関する知識が増加するにつれて、細胞の微細構造に関する知識がふえてきた。そのための新しい技術が発達した。一九三〇年代の初めに、最初の〝電子顕微鏡〟がつくられた。それは光線ではなく電子線を焦点に集めることで拡大するもので、その結果ふつうの顕微鏡よりもはるかに大きく拡大できる。ロシア系アメリカ人の物理学者、ズウォーリキン（Vladimir Kosma Zworykin　一八八九〜一九八二年）はその機械を細胞学で実用的で有用になるように修正し、精巧にした。巨大分子ぐらいの大きさの粒子をみとめることができ、細胞の原形質は、〝細胞器官〟あるいは〝細胞質顆粒〟とよばれる、小さいが高度に組織化された構造のあきれるほど複雑なもの

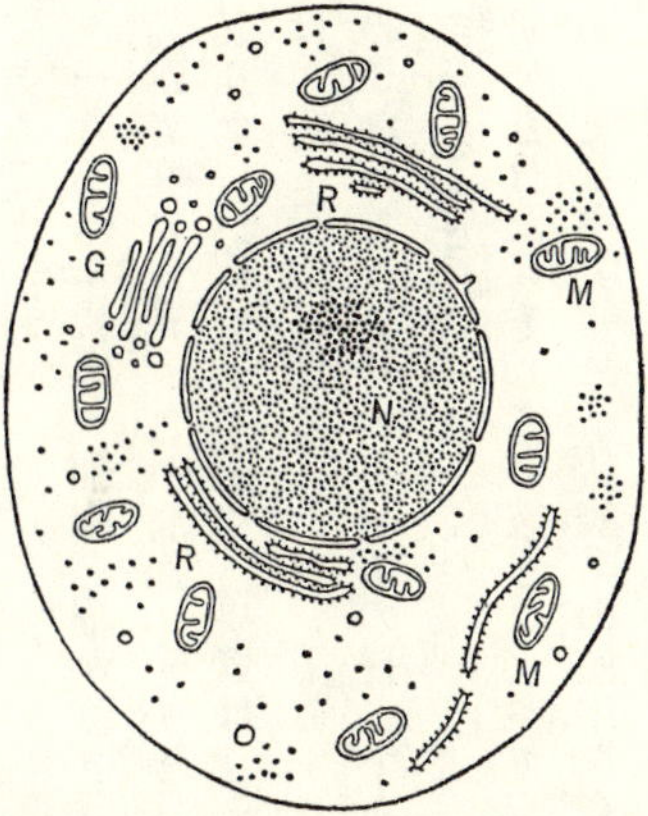

図5　電子顕微鏡でみた細胞の一般的な構造　N：核、内部の黒い部分は仁、M：ミトコンドリア、G：ゴルジ体、R：粒子のついた膜の網状になったもの。この膜上や細胞内の他の部分にある粒は、タンパク質合成の中心となる部分を示し、それらはリボゾームとよばれる。

であることがわかった。

一九四〇年代に、細胞を細かくきざみ、種々の細胞器官を大きさによって分ける技術が考案された。これらの中で大きくて、比較的容易に研究されたのは、〝ミトコンドリア〟(mitochondria, 単数は“mitochondrion”)である。典型的な肝臓の細胞は、約一〇〇〇個のミトコンドリアを含み、おのおのは棒状の物体で、約一〇〇〇分の二ないし五ミリメートルの長さである。これらは、アメリカの生化学者、グリーン(David Ezra Green 一九一〇〜八三年)および彼の仲間たちによって特にくわしく研究された。そして、彼らによって、それがクレブズ回路の反応の場であることがわかった。事実、分子状酸素の使用を含む全反応はそこで生じ、種々の反応を触媒するいろいろな酵素がおのおののミトコンドリア内に適当に配列している。このように、この小さい細胞器官は、〝細胞の発電所〟であることがわかった。

放射性同位元素

物質代謝のこみ入った連鎖反応のしくみの解明は、〝同位元素〟とよばれる特別な種類の原子を用いることによってたいへん助けられた。二〇世紀の初めの三分の一の間に、物理学者は大部分の元素がいくつかの同位元素からなることを発見した。からだはそれらをそれほど区別はしないが、それらを区別できる実験装置が考案された。

ドイツ系アメリカ人の生化学者、シェーンハイマー（Rudolf Schoenheimer 一八九八〜一九四一年）は、初めて同位元素を生化学の研究に大規模に使用した。一九三五年までに、ふつうの水素の二倍重い水素の同位元素、^{2}H（〝重水素〟あるいは〝デューテリウム〟）がかなりの量利用されていた。シェーンハイマーはそれを用いて、^{2}Hをふつうの^{1}Hのかわりに含む脂肪分子を合成した。それらは実験動物のえさに混ぜられた。動物の組織は、ふつうの脂肪と同様に重水素の脂肪を取り扱った。^{2}Hの含量について、動物の体内脂肪を分析することが、物質代謝に新しい驚くべき光明を投げかけた。

その当時、生物の貯蔵脂肪は一般に変化しないもので、飢餓状態のときにのみ変動すると考えられていた。しかし、シェーンハイマーが^{2}Hを含む脂肪をネズミに食べさせ、ついで貯蔵脂肪を分析したところ、四日目の終わりに、組織内の脂肪の半分ぐらいが動物に食べさせた^{2}Hを含むことをみつけた。いいかえれば、摂取された脂肪が貯蔵され、貯蔵脂肪が使われた。急速に代謝回転[1]され、からだの成分はつねに変化していた。

シェーンハイマーは、つづいてアミノ酸に印をつけるのに^{15}N（〝重い窒素〟）を用いた。彼はネズミをアミノ酸の混合物で飼い、そのうちの一つだけに^{15}Nで印をつけておく[2]とネズミの中の種々のアミノ酸全部が^{15}Nを含んでいた。ここにも、定常的な活動があった。全体の動きは小さくても、分子は急速に変化していた。

原則として、同位元素があらわれた種々の化合物をみつけ出すことによって、正確な一連の変化をつぎつぎとたどっていくことができるであろう。これは放射性同位元素を用いて最も容易になされた。この原子はふつうの原子と重さが違うだけでなく、はやく運動するエネルギーをもった粒子を放出しながらこわれていく。これらの粒子は容易に検出できるので、実験にはきわめて少量の放射性同位元素で十分である。第二次世界大戦後、放射性同位元素は核反応によって多量につくられた。さらに、炭素の放射性同位元素（〝^{14}C〟）が発見され、特に有用であることがわかった。たとえば、アメリカの生化学者、カルヴィン（Melvin Calvin 一九一一〜九七年）は、放射性同位元素によって、光合成、すなわち緑色植物が日光を化学エネルギーに転換し、動物界に食物と酸素を供給するはたらきに含まれる一連の反応のごく細かい点の多くを明らかにできた。

カルヴィンは顕微鏡的な植物細胞を光の存在下でわずか数秒間、二酸化炭素にふれさせ、その後細胞を殺した。おそらく、光合成の連鎖反応のごく初期の段階は完了できたであろう。細胞はつぶされ、次章で述べるペーパークロマトグラフィーという技術を用いて、成分に分けられた。しかし、そのうちのどの成分が光合成の最初の段階をあらわし、どれが別の理由で存在するものであろうか。

カルヴィンは、植物細胞にふれさせた二酸化炭素がその分子の中に^{14}Cを含んでいたので、このことを知ることができた。この二酸化炭素から光合成によってつくられた物質はいずれもそれ自身放射性で、容易に検出できるであろう。これは、一九五〇年代を通じて、光合成の主要段階の有益な一覧表を生み出した一連の研究の出発点であった。

（1）訳注　物質代謝に伴って、からだの構成成分が入れかわること。ターンオーバー（turnover）ともいう。

（2）訳注　放射性同位元素で印をつけることをラベルするという。

第一三章　分子生物学——タンパク質

酵素と助酵素

二〇世紀の中ごろからしだいしだいにくわしく描きあげられてきた物質代謝の型は、ある意味では細胞の酵素の組み立てをあらわしている。それぞれの物質代謝における反応は特定の酵素によって触媒され、物質代謝の型の特徴は存在する酵素の性質と濃度とによって決められる。それゆえ、物質代謝を理解するために、酵素を理解することが望ましい。

二〇世紀における中間代謝の解明を始めたハーデン（二二五頁参照）はまた酵素の新しい面を明らかにした。一九〇四年、彼は半透膜（小さい分子を通すが、大きい分子は通さない膜）でつくった袋に酵母の抽出液を入れ、それを水につけた。抽出液の中の小さい分子は膜を通りぬけてしまう。しばらくたつと、その酵母抽出液はもはや糖を分解できなくなってしまった。

袋の外側の水はやはり糖を分解できなかったので、これは酵素自身が外へ出てしまったためではない。しかし、外側の水が内側の抽出液に加えられると、混合物は糖を分解する。結論は、酵素（それ自身は膜を通過できない大きい分子）は比較的小さな分子をその構造の一部分として、またそのはたらきに必要なものとして含んでおり、その小さな分子は酵素とゆるく結合しているので自由に離れ、半透膜を通過してしまうということになる。この小さくて、ゆるく結びついた部分は〝助酵素〟とよばれるようになった。

ハーデンが発見した助酵素の構造は、一九二〇年代を通じて、ドイツ系スウェーデン人の化学者、オイラー・ケルピン（Hans Karl von Euler-Chelpin 一八七三〜一九六四年）によって明らかにされた。他の酵素も助酵素をもつことがわかり、それらのいくつかは一九三〇年代に明らかにされた。この一〇年間にビタミンの分子構造も決定され、助酵素の多くがその分子の一部分にビタミンに似た構造をもっていることがはっきりしてきた。

明らかにビタミンはからだが自身で製造できない助酵素の部分であり、そのため、そのままの形で食物中に含まれていなければならない。ビタミンがないと助酵素はつくられない。助酵素がなければある酵素ははたらけず、物質代謝の型は混乱してしまう。その結果、ビタミン欠乏症となり、最後には死んでしまう。

酵素は触媒なので少量しかからだに必要ではなく、助酵素（ビタミンも）も少量しか必要ではない。これは、なぜ微量しか存在しない食物の成分が生命に不可欠なものであるかを説明する。銅、コバルト、モリブデン、亜鉛のように微量が必要な無機物もやはり酵素の重要な部分をつくっているのに違いないことは、容易にわかる。そして、一つあるいはそれ以上のそのような原子を含んでいる酵素が実際に分離された。

しかし、酵素そのものは何であろうか。一九世紀を通じて、それははたらきのみがわかっている不思議な存在であった。ドイツ系アメリカ人、ミハエリス（Leonor Michaelis 一八七五～一九四九年）は物理化学の法則によってそれを取り扱い、酵素を現実の世界に引き下ろした。彼は化学平衡の法則（反応速度に関する物理化学の分野）を適用し、一九一三年に一定の環境のもとで酵素の触媒反応の速度がどのように変化するかをあらわす式をつくった。この式をつくりあげるために、彼は酵素とそれが触媒する基質との中間段階での結合を仮定した。この取り扱い方は、酵素が他の分子について成り立つ物理化学的な法則にしたがう分子であることを強調している。

では酵素はどんな種類の分子であろうか。酵素はタンパク質ではないかと考えられる。というのは、酵素溶液はおだやかに加熱されるとその活性を失い、タンパク質分子のみがそのくらいもろいことが知られていたからである。しかし、これは想像されただけで、証明されたのではなかった。一九二〇年代に、ドイツの化学者、ヴィルシュテッター（Richard Willstätter 一八七二～一九四二年）は酵素がタンパク質ではないと思われる理由をもち出した。彼の提出した理由がまちがっていたことはやがてわかったが、彼の名声はその意見にかなりの重みを与えるほど大きかった。

しかし、一九二六年に酵素がタンパク質である可能性が、アメリカの生化学者、サムナー（James Batcheller Sumner 一八八七～一九五五年）によってふたたびあげられた。その年、サムナーはナタマメの酵素を抽出していた。含まれていた酵素は〝ウレアーゼ〟で、それは尿素をアンモニアと二酸化炭素に分解するのを触媒する。

この抽出をやっているうちに、サムナーはある点で多数の細かい結晶を得た。彼は結晶を単離し、それを溶かしたところ、その溶液は高いウレアーゼ活性をもつことを知った。どうやってみても、彼は酵素活性を結晶から離すことはできなかった。結晶は酵素であった。そして、さらに彼が試みたあらゆる試験は、その結晶がタンパク質であることを示した。つまり、ウレアーゼは結晶形でとり出された最初の酵素であり、明白にタンパク質であることが示された初めての酵素であった。

これ以上の確証が要求され、あるいはこの法則が一般的でないのではないかと疑われたが、アメリカの生化学者、ノースロップ（John Howard Northrop 一八九一～

一九八七年）がこの問題にけりをつけた。一九三〇年、彼は胃液に含まれているタンパク質分解酵素であるペプシンを結晶化した。これらもまたタンパク質であることが証明された。その後も何ダースもの酵素が結晶化され、すべてがタンパク質であると証明された。

電気泳動とX線回折

二〇世紀前半における新しい化学的、物理的器具の発展は、生命の本質のように思われていた巨大なタンパク質分子を、生化学者がたくみな技巧で丹念に調べあげるのを可能にした。実際、科学の新しい分野に相当するもの、物理・化学・生物を組み合わせたものが、その研究領域を生物の巨大分子の微細構造やくわしいはたらきの解析においた。この新しい分野である**分子生物学**は、第二次世界大戦以後特に重要になってきた（実際、その業績はめざましいものである）。そして、生物学の他の分野を見劣りさせてしまった。

一九二三年に、スウェーデンの化学者、スヴェードベリ（Theodor Svedberg 一八八四〜一九七一年）はタンパク質分子の大きさを決めるための有力な方法を導入した。それは〝超遠心分離機〟であり、回転する容器はふつうの重力の数十万倍の遠心力を生じさせた。水の分子の熱運動は、常温で、巨大なタンパク質分子をふつうの重力に対抗して浮遊させておくのに十分であるが、遠心力に対してはそうではない。回転する超遠心分離機の中で、タンパク質分子は沈み始める。すなわち〝沈殿〟し始める。沈降速度から、タンパク質分子の分子量を決定することができる。血の中の赤い色をした物質であるヘモグロビンのような平均的な大きさのタンパク質は、分子量六万七〇〇〇である。分子量がわずか一八の水の分子の三七〇〇倍に相当する。さらに大きい他のタンパク質分子では、分子量数十万というのがある。

タンパク質分子の大きさと複雑さは、分子の表面に荷電できる原子団のための十分な余地があることを意味する。おのおののタンパク質はその分子の表面に＋と－の電荷の独特の型をもっている。——その型は他のいずれのタンパク質の型とも異なっており、まわりの媒質の酸性度をかえるという一定の方法で変化させることができる。

もしタンパク質の溶液が電場におかれると、個々のタンパク質分子はその電荷や分子の大きさ、形などによって決められた速さで、＋または－の電極へと移動する。すべての条件下で、正確に同じ速度で移動する二つのタンパク質はない。

一九三七年に、スヴェードベリの弟子であったスウェーデンの化学者、ティセーリウス（Arne Wilhelm Kaurin Tiselius　一九〇二〜七一年）はこれを利用した装置を考案した。これは長方形のU字形に似た特別な管で、この中でタンパク質の混合物は電場に反応して移動する（このような運動を〝電気泳動〟とよぶ）。混合物のいろいろな成分は独自の速度で移動するので、しだいに分離してくる。長方形のU字管は特殊にすったつぎ目で合わさっていて、これらの部分はすべらして離すことができる。タンパク質の混合物の一つがその一つの部分にあれば、他の部分から分離することができる。

さらに、適当な円柱状のレンズを使うことによって、タンパク質の濃度が変化したとき混合液を通る光の屈折がかわることを利用して分離の過程を追跡することができるようになった。屈折の変化は波状の模様として写真にとられ、そしてその波状の模様は、混合物内の各タンパク質の量を計算するのに使うことができる。

特に、血漿（けっしょう）中のタンパク質は電気泳動しやすく、研究されている。それは、アルブミンおよびギリシャ文字のα、β、γで区別される三種のグロブリンを含む多数の部分に分けられた。γ-グロブリンの部分は抗体を含んでいることがわかった。一九四〇年代に、異なったタンパク質の部分を多量につくり出すための方法が考案された。

超遠心分離と電気泳動は、タンパク質分子全体の性質に関係している。X線の使用は、生化学者が分子内をさぐることを可能にした。X線の束は物質内を通過すると散乱する。物質を構成する粒子が規則正しく並んでいると(結晶内で原子が配列しているように)、散乱も規則的である。結晶によって散乱された後、X線が感光紙にあたると、相称的な点の模様があらわれ、それから結晶内の原子の配列と距離が推論できる。

大きな分子は分子内に規則的に配列している小さな単位からなっていることがしばしばある。たとえば、タンパク質がそうで、タンパク質はアミノ酸から成りたっている。タンパク質分子内のアミノ酸の規則的な配列は、X線の散乱のしかたに反映される。その散乱は結晶によってつくられたものよりも少しきれいではないが、分析は可能である。一九三〇年代の初めに、アミノ酸の一般的な空間的配列が推論された。これは、一九五一年に、アメリカの化学者、ポーリング(Linus Pauling 一九〇一〜九四年)が、アミノ酸の配列を明らかにし、アミノ酸の単位がつながったものはらせん(helix)の形で配列していることを示したときにはっきりした(helixとはふつうらせん階段とよばれているような形である)。

タンパク質の構造の細かい点をよりくわしくさぐるにつれて、より複雑なX線のデータをとり扱うことが必要になってきた。そして必要な数学的計算がますます長たらしく、手におえなくなってきて、人間の頭脳が独力で行うくわしい解答が実行不可能になるところまできてしまった。幸いなことに、一九五〇年代までに、電子計算機が発達した。それは莫大な長さのおきまりの計算を非常に短い時間でやることができる。

計算機は初めはタンパク質ではなく、ビタミンの問題のために使われ始めた。一九二六年に、二人のアメリカの医師、マイノット（George Richards Minot 一八八五～一九五〇年）とマーフィ（William Parry Murphy 一八九二～一九八七年）は、肝臓を定期的に食べると〝悪性貧血症〟とよばれる病気による死から患者を救うことができることを知った。ビタミンの存在が疑われた。それはビタミンB_{12}とよばれ、一九四八年ついに単離された。これは六個の異なった成分の一八三個の原子からなる複雑な分子であることがわかった。新しい物理的な技術と電子計算機の助けによって、このビタミンのくわしい構造は一九五六年にわかった。これはシアン基、コバルト原子およびアミン基をもっていることがわかったので（多数の他の構成物の中に）、〝シアノコバルアミン〟という新しい名がつけられた。

電子計算機がタンパク質によりつくられた回折の型に応用されたのは当然のことであった。X線回折と電子計算機を使って、オーストリア系イギリス人の生化学者、ペルツ（Max Ferdinand Perutz 一九一四～二〇〇二年）とイギリスの生化学者、ケンドリュー（John Cowdery Kendrew 一九一七〜九七年）は、一九六〇年にミオグロビン（ヘモグロビンに似た筋肉のタンパク質で、大きさはヘモグロビンの四分の一）の分子のすべてのアミノ酸の完全な三次元的配列の図を発表することができた。

クロマトグラフィー

巨大分子のくわしい構造を明らかにするためにX線回折のような物理的な方法を用いる場合、化学者がその分子の構成単位の化学的性質をすでに決定し、それらの配列について大体の概念をつかんでいると、たいへん助かる。もしこれがなされていると、複雑でこみ入った回折のデータがあてはまる多くの可能性が実際的な大きさに切り下げられる。

タンパク質の場合、化学的な進歩は初めはゆっくりしていた。一九世紀の人々は、タンパク質分子がアミノ酸からできていることを示すことができただけであった。二〇世紀になると、ドイツの化学者、フィッシャー（Emil Hermann Fischer 一八五二〜一九一九年）は、タンパク質分子の中で、アミノ酸がどのように結合しているかを示した。一九〇七年に、一種のアミノ酸一五個と他の種のアミノ酸三個を結びつけ、非常に簡単な一八個のアミノ酸からなるタンパク質様の物質をつくることができた。

しかし、天然にあるはるかに複雑なタンパク質分子の正確な構造はどうなっているのであろうか。まず第一に、あるタンパク質分子の中に存在するおのおののアミノ酸の正確な数はいくつであろうか。この質問に答えるための真正直な方法は、タンパク質をアミノ酸の混合物に分解し、化学分析の方法によっておのおのの成分の相対的な量を決定するやり方である。

しかし、この方法は、フィッシャーの時代の化学者にとっては、実際に使えなかった。アミノ酸のあるものは、ふつうの化学的な方法では他のものと区別できないほど、構造が似かよっていた。

この問題の答えは、一つの技術によってもたらされた。その初めのものは、ロシアの植物学者、ツウェット（Mikhail Semyonovich Tsvett 一八七二〜一九一九年）の努力により一九〇六年に日の目をみた。彼は植物色素について研究していた。そして、ふつうの化学的な方法では分離することが非常に困難なほど似かよった物質からなる複雑な混合物を手にした。彼はその混合物の溶液を粉末アルミナの管の中で少しずつ流し落とした。色素の混合物の中の異なった物質は異なった強さで、粉末の表面にくっついた。新しい溶液で洗って混合物を下方へ流すと、それらは分離した。より弱くくっついた物質はより遠くへ流し出され、最後に混合物はそれ自身の色合いをもった個々の色素に分離した。分離したという事実は〝色であらわされた〟。ツウェットは、この技術をその語の意味のギリシャ語からとって、〝クロマトグラフィー〟と名づけた。

ツウェットの研究はその当時、ほとんど興味を引きおこさなかったが、一九二〇年代にヴィルシュテッター（二三七頁参照）はこれを再導入し、一般的にした。クロマトグラフィーは複雑な混合物の分離に、広くさまざまに利用されるようになった。しかし、粉末の管の形では、非常に少量の混合物では困難である。何かもっと有力な方法が必要であった。

必要な改善が一九四四年に行われた。そして、生化学の技術に革命をおこした。その年、イギリスの生化学者、マーチン（Archer John Porter Martin 一九一〇〜二〇〇二年）とシング（Richard Laurence Millington Synge 一九一四〜九四年）は、簡単な濾紙でクロマトグラフィーを行う技術を完成した。

アミノ酸の混合物の一滴を、細長い濾紙片の下方につけてかわかす。そして、一定の溶媒（その中に濾紙の下端を浸しておくことができる）を毛管現象によって、細長い濾紙上に上昇させる。上昇していく溶媒がかわいた混合物を通るにつれて、その中に含まれる個々のアミノ酸は溶媒とともに上昇する。しかし、おのおののアミノ酸は固有の速度で上昇する。最後に、アミノ酸は分離する。濾紙上のアミノ酸の位置はある適当な物理的あるいは化学的な方法で検出され、他の濾紙で同様な方法で別々に処理された各アミノ酸の位置と比べられる。各点のアミノ酸の量は、たいした苦労なしで決定できる。

この〝ペーパークロマトグラフィー〟という技術は、短時間で結果が出る。精巧な装置も使わずに、簡単に、安価で、複雑な混合物から微量のものが手ぎわよく分離できる。この技術は、実際、生化学のすべての分野ですぐに応用された。——たとえば、光合成を行う植物細胞の混合物についてのカルヴィンの研究（二三二〜二三三頁参照）。この技術なしの研究は実際に考えられないほどになった。

特に、ペーパークロマトグラフィーは、ある一つのタンパク質内にあるいろいろなアミノ酸の正確な数を決めることを可能にした。ふつうの物質がその構成要素の原子の数で同定されるように、どのタンパク質もその成分であるアミノ酸のおのおのの数によって区別されるようになった。

アミノ酸配列

しかし、これでもまだ十分ではなかった。やはり、化学者たちはふつうの化合物の中の原子の数だけでなく、その配列にも同様に興味をもっている。それはタンパク質分子の中のアミノ酸についても同じである（図6参照）。しかし、配列の問題はむずかしいものである。分子内に数ダースのアミノ酸があるだけでも、可能な配列の数は天文学的なものになる。そして、五〇〇以上のアミノ酸が存在すると（タンパク質の中でも平均的な大きさでしかないヘモグロビンのように）可能な配列は、六〇〇個以上の数字（！）で書きあらわされなければならなくなる。こんな多数の中からどうやって一つの正しい配列を選び出すことができるだろうか。

ペーパークロマトグラフィーを使うと、この答えは予期したよりも容易であることがわかった。インシュリン分子（約五〇のアミノ酸からなる）を研究していて、イギリスの生化学者、サンガー（Frederick Sanger　一九一八～二〇一三年）はこの方法を完成するのに八年間をついやした。彼はインシュリン分子を部分的にこわして、アミノ酸を短い鎖にした。この短い鎖をクロマトグラフィーで分離し、それらをつくりあげているアミノ酸と、おのおのの配列順序を同定した。四つの単位からなるものでさえ、二四とおりのやり方で配列されるので、これはたやすい仕事ではなかった。しかし、まったく恐るべき仕事でもなかった。ゆっくりと、サンガーはどの長い鎖が彼のみつけた短い鎖をつくり出し、他のものをつくらないかを推論することができた。

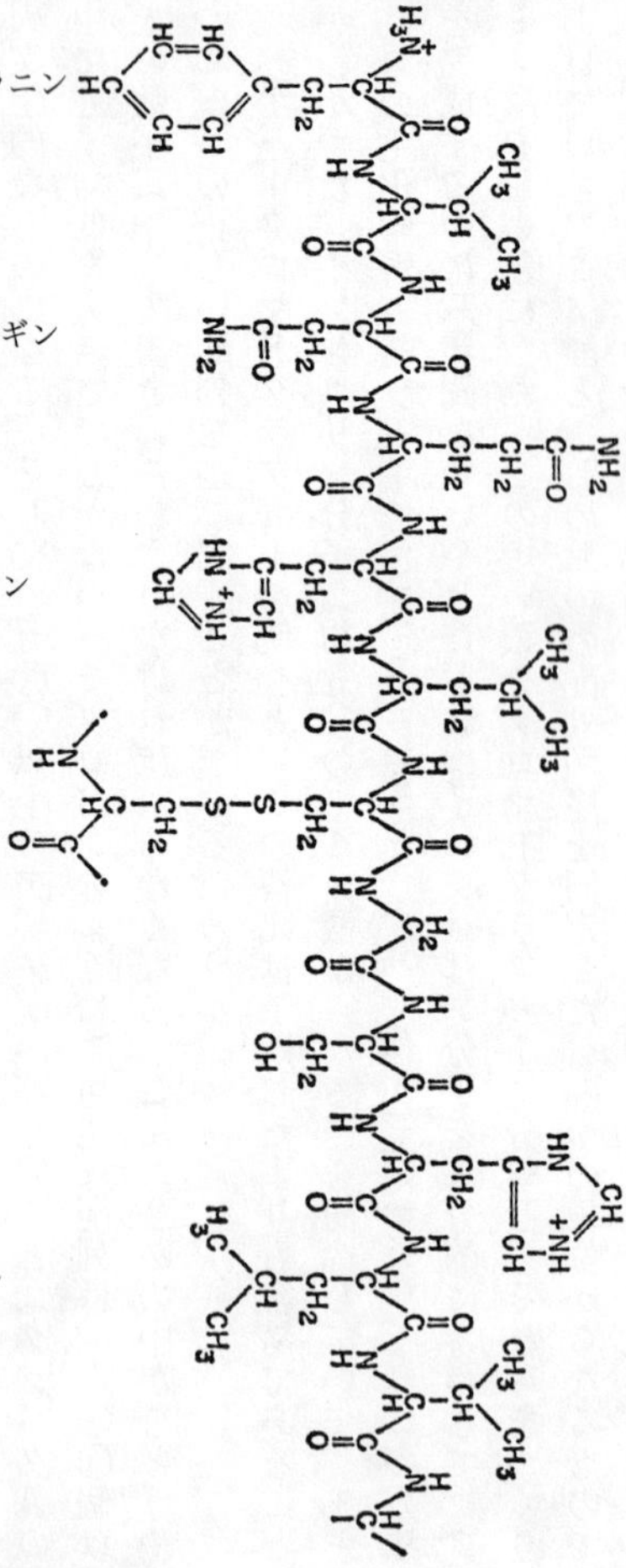
フェニルアラニン
バリン
アスパラギン
グルタミン
ヒスチジン
ロイシン
シスチン
グリシン
セリン
ヒスチジン
ロイシン
バリン

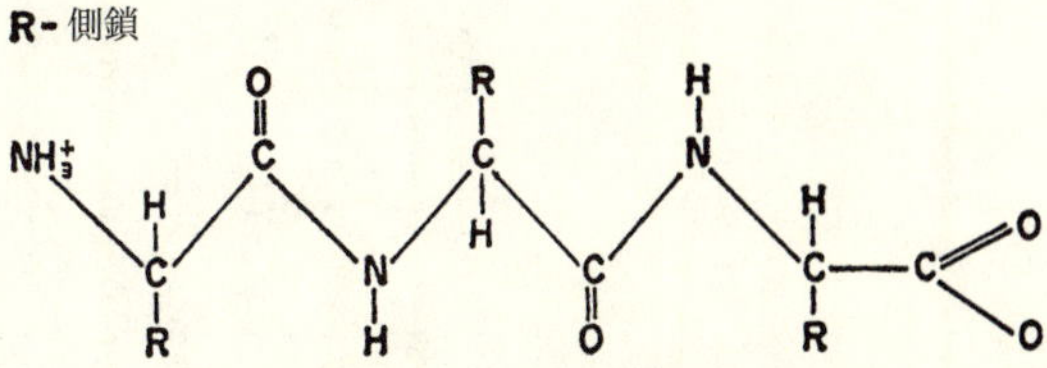

図6　タンパク質の複雑な構造を示す化学式。右頁の図は、インシュリン分子を形成する二つのペプチド鎖の一つの一部分。ペプチドの骨組みが鎖の中央にそって繰り返され、アミノ酸のいくつかは側鎖としてついているのが示されている。上の図は、タンパク質の骨組みをつくっているペプチド鎖の一部分。Rはアミノ酸の側鎖を示す。（*Scientific American*の図より）

少しずつ彼はより長い鎖の構造をつくり上げ、一九五三年までに全インシュリン分子内のアミノ酸の正確な順序を決定した。

この技術の価値は、ほとんど同じ時に、アメリカの生化学者、デュ・ヴィニョー（Vincent du Vigneaud 一九〇一～七八年）によって示された。彼はサンガーの技術を、たった八個のアミノ酸からなるホルモンである〝オキシトシン〟という非常に簡単な分子に適用した。一度その順序が判明すると、たった八個のアミノ酸しかないという事実は、正しいアミノ酸配列をもったその物質を合成することを可能にした。これは一九五四年になされ、合成されたオキシトシンはあらゆる点で天然のホルモンと同じであった。

サンガーの分析の妙技と、デュ・ヴィニョーの合成の妙技は、より大きな規模で繰り返された。

一九六〇年に〝リボヌクレアーゼ〞とよばれる酵素のアミノ酸配列が明らかになった。この分子は一二四個のアミノ酸よりなり、インシュリン分子のアミノ酸の二倍半である。さらに、リボヌクレアーゼの一部分が合成され、その酵素活性が調べられた。一九六三年までに、この方法でアミノ酸の12と13（〝ヒスチジン〞と〝メチオニン〞）がこの分子のはたらきに不可欠であることがわかった。これはある酵素分子がそのはたらきを行う正確な方法を決めるための大きな一歩であった。

こうして、二〇世紀も半ばをすぎると、タンパク質分子はしだいに知識の進歩によって、屈服させられつつある。

第一四章　分子生物学――核酸

ウイルスと遺伝子

タンパク質分子が支配下に入ったと同じときに、突然、そしてまったく驚いたことに、〝生物の最も重要な化学物質〟として、別の型の物質がとってかわった。この新しい物質の重要性は、まず第一に、濾過性ウイルスの本性の問題についてなされた一連の研究を通じて考えられるようになった。

ウイルスの本性は一世代の間なぞのまま残されていた。病気を引きおこすことが知られており、この点でそれに対抗する方法は発達した（二〇九～二一〇頁参照）。しかし、単にそのはたらきよりも、そのもの自身は未知のままであった。

結局、濾過器が発達し、ウイルスを通過させないほど十分に微細になった。ウイルス粒子はどんなものでも既知の最小の細胞よりもはるかに小さいが、非常に大きいタンパク質分子よりなお大きいことがわかった。このようにして、ウイルスは細胞と分子の中間にある構造であることがわかった。

最終的に、ウイルスが知覚できる物体であることを明らかにしたのは、電子顕微鏡（二一九頁参照）である。ウイルスは、大きなタンパク質分子ぐらいの細かい点から、規則的な幾何学的な形や目にみえる内部構造をもつかなり大きい構造におよぶ広範囲の大きさのものまでがあることがわかった。バクテリオファージはバクテリアのような小さな生物を餌食にするにもかかわらず、ウイルスのなかの一番大きな仲間であり、そのなかのあるものはオタマジャクシのように尾があった。ウイルスよりも大きいが、ふつうの細菌の最小のものより小さいのは〝リケッチア〟（リケッツ〔一六六頁参照〕がもとで名づけられた。というのは、この型の微生物はロッキー山紅斑熱の原因となり、その病気はこの細菌学者が研究していた）であった。

こうして、最小の細胞と最大の分子の間の範囲をみたすように思われるこの一群の生物が生きているのか、いないのかという疑問が生じてきた。それが生きているという説に対して歯向かうように思われる驚くべき発展が一九三五年におこった。アメリカの生化学者、スタンリー（Wendell Meredith Stanley 一九〇四〜七一年）は、タバコモザイクウイルスを研究していて細かい針状の結晶を得ることができた。これらは単離したとき、ウイルスのすべての感染性をもち、そして高い感染力があることがわかった。いいかえれば、彼は結晶ウイルスを得た。生きている結晶とはまったく受け入れがたい概念であった。

他方、細胞説が不十分であることや、完全な細胞が結局生命の分割できない単位ではないということは推測できないであろうか。ウイルスは細胞よりずっと小さい。そして、細胞とは違って、どんな環境のもとでも独立した生活能力をもたない。しかし、それはうまく細胞内に入りこみ、一度そこに入ると自己増殖し、ある主要な点で、あたかも生きているかのようにふるまう。

それでは、生命の真の本体である細胞内の構造、ある細胞を構成している構造がないのであろうか。細胞の残りの構造をその道具として支配するような細胞内構造はないのであろうか。ウイルスは何らかの方法で脱け出した細胞成分で、その結果細胞に侵入し、その正当な〝持ち主〟からその能力を受けついだものではないであろうか。

もしそうであれば、そのような細胞内の構造物がふつうの細胞内に存在するはずであり、その名誉をになう理論的な候補者は染色体（一二八頁参照）であるように思われる。二〇世紀の最初の年に、染色体は肉体的な形質の遺伝を支配する因子を運び、それによって、鍵となる重要な細胞内の構造物が行うことを期待されているように、細胞の他の部分を支配していることが明らかになった。しかしながら、染色体はウイルスよりもはるかに大きい。

しかし、遺伝される形質よりも染色体ははるかに数が少なかったので、おのおのの染色体はたぶん何千という単位からなり、その単位のおのおのが単一の形質を支配すると結論することができる。これらのおのおのの単位は、一九〇九年にデンマークの植物学者、ヨハンゼン（Wilhelm Ludwig Johannsen 一八五七〜一九二七年）によって、〝生むこと〟という意味のギリシャ語に由来した〝遺伝子〟（gene）と名づけられた。二〇世紀の初めの一〇年間は、個々の遺伝子は、個々のウイルスのようにみることができなかった。しかし実り多い研究がなされた。アメリカの遺伝学者、モーガン（Thomas Hunt Morgan 一八六六〜一九四五年）が一九〇七年に、小さなキイロショウジョウバエという新しい生物学の材料を導入したことが、そのような研究の鍵となった。これは多数飼うことができ、実際上手数がかからない小さい昆虫である。さらに、その細胞はわずか四対の染色体をもっている。

ショウジョウバエの世代を追うことによって、モーガンは突然変異の多くの例を発見し、ド・フリース（一二五頁参照）が植物で発見したことを動物界にまで広げた。さらに、彼はさまざまな形質が連鎖している、すなわち、ともに遺伝することを示すことができた。これは、そのような形質を支配する遺伝子が同じ染色体上に見出され、もちろん、この染色体は一つの単位となって遺伝することを意味した。

しかし、連鎖した形質は永久に連鎖しているのではなかった。ときどき、あるものは他のものと別に遺伝した。このことは、染色体の対がしばしば部分的に入れかわること（交差）によって生じた。つまり、個々の染色体の完全さは絶対的ではない。

このような実験は、染色体上にある特定の遺伝子が存在する位置を定めることを可能にした。二つの遺伝子をへだてる染色体の長さが長ければ長いほど、任意の点での交差によって二つの遺伝子が分離される可能性が大きい。二つの連鎖した形質が連鎖しない頻度を調べることによって、遺伝子の相対的位置を確立することができる。一九一一年までに、ショウジョウバエの最初の〝染色体地図〟が作成された。

モーガンの弟子の一人、アメリカの遺伝学者、マラー（Hermann Joseph Muller 一八九〇〜一九六七年）は、突然変異の頻度を増加させる方法を探した。一九一九年に、彼は温度を上昇させることでこのことができた。さらに、これは遺伝子の一般的な〝混乱〟の結果ではなかった。つねに、一つの遺伝子は変化したが、その対である他の染色体上の遺伝子は変化しないことがわかった。マラーは、分子のレベルでの変化がおこったと決めた。

それで、次に彼はX線を試みた。X線はおだやかな熱よりももっと力があり、染色体に衝突した個々のX線は、確かにその作用を一つの点に及ぼすであろう。一九二六年までに、マラーはX線が実際に非常に突然変異率を高めることをきわめて明らかに示すことができた。アメリカの植物学者、ブレークスリー（Albert Francis Blakeslee 一八七四～一九五四年）は、続いて一九三七年に、突然変異率は特別な化学物質（〝突然変異誘起物質〟）にさらすことによっても高めることができることを示した。このような突然変異誘起物質の最もよい例は〝コルヒチン〟で、コルヒチンはイヌサフランから得られるアルカロイドである。

このようにして、一九三〇年代の中ごろに、ウイルスも遺伝子もともに神秘性がなくなりつつあった。両者はともにほぼ同じ大きさで、そして急速に明らかになったように、ほぼ同じ化学的性質をもつ分子であった。遺伝子は細胞に慣れたウイルスであろうか。ウイルスは〝野生の遺伝子〟なのであろうか。

DNAの重要性

ひとたびウイルスが結晶化されると、それらは化学的に分析できるようになった。もちろん、それらはタンパク質であったが、〝核タンパク質〟とよばれる特別な種類のタンパク質であった。染色法の発達によって、個々の細胞内構造物の化学的性質が明らかになった。そして、染色体もまた（ゆえに遺伝子も）核タンパク質であることがわかった。

核タンパク質分子は、〝核酸〟といわれるリンを含む物質と結合したタンパク質よりなっている。核酸は一八六九年に、スイスの生化学者、ミーシャー（Friedrich Miescher 一八四四～九五年）によって初めて発見された。最初に細胞核の中でみつけられたので、そのように名づけられた。後に、核酸は細胞核の外にも存在することがわかったが、名前をかえるには遅すぎた。

核酸はドイツの生化学者、コッセル（Albrecht Kossel 一八五三～一九二七年）により初めてくわしく研究された。彼は一八八〇年代以後、核酸をより小さい構成物に分解した。これらは、リン酸と彼が同定できなかった糖を含んでいた。さらに、四個の窒素原子を含む二つの原子環よりなる分子をもつ〝プリン〟という物質の仲間の二つの化合物があった。これらを、コッセルは〝アデニン〟と〝グアニン〟と名づけた（それらは、しばしば簡単にAとGとよばれる）。彼はまた、三つの〝ピリミジン〟（二個の窒素原子を含む一つの原子環をもつ化合物）を発見し、それらを〝シトシン〟、〝チミン〟、〝ウラシル〟（C、T、U）と名づけた。

ロシア系アメリカ人の化学者、レヴィーン（Phoebus Aaron Theodore Levene 一八六九～一九四〇年）は、さらに一九二〇年代と一九三〇年代に問題を持ちこんだ。彼は、核酸分子の中で、リン酸分子、糖分子、およびプリンかピリミジンの一つが、彼が〝ヌクレオチド〟とよんだ三つの部分からなる単位を形成することを示した。核酸分子は、タンパク質がアミノ酸の鎖からつくられているように、これらのヌクレオチドからつくられている。ヌクレオチドの鎖は一つのヌクレオチドのリン酸が隣の糖の基に結合してつくられる。このようにして、〝糖－リン酸の骨格〟が形成され、骨格から個々のプリン基とピリミジン基が伸びている。

レヴィーンはさらに、核酸の中にある糖分子には二つの型があることを示した。すなわち、〝リボース〟（よく知られている六個の炭素原子からなる糖ではなく五個の炭素原子を含む）と〝デオキシリボース〟（その分子に一個の酸素原子が少ないこと以外は、リボースと同じ）である。おのおのの核酸分子は一つの型の糖か、他の型の糖を含み、両方とも含むことはない。こうして、核酸の二つの型が区別できる。すなわち、ふつうRNAと略す〝リボ核酸〟と、ふつうDNAと略す〝デオキシリボ核酸〟である。おのおのは、四種類のみのプリンとピリミジンを含む。DNAにはウラシルがなく、A、G、C、T、のみをもつ。他方、RNAにはチミンがなく、A、G、C、U、をもつ。

スコットランドの化学者、トッド（Alexander Robertus Todd 一九〇七～九七年）

は、一九四〇年代に実際にいろいろなヌクレオチドを合成して、レヴィーンの推論を確認した。

生化学者は最初核酸に特別な重要性をおかなかった。結局、タンパク質分子は、糖、脂肪、金属を含む基、ビタミンを含む基などを含むさまざまのタンパク質でない付属物と結合していることがわかった。いずれの場合にも、分子の本質的な部分はタンパク質で、非タンパク質はまったく従属的なものと考えられた。核酸は染色体やウイルスで発見されたが、核酸部分は補助的で、タンパク質が本体であると思われていた。

しかし、一八九〇年代にコッセルはいくつかの観察をした。それはふり返ってみると、非常に重要であることがわかる。精子はほとんどすべてがきっちりつまった染色体よりなり、父の遺伝形質を子どもに伝える完全な〝指令〟を含む化学物質を運ぶ。しかし、コッセルは精子は非常に簡単なタンパク質、組織で見出されるよりはるかに簡単なタンパク質を含むが、一方核酸は組織内のものと同じであるらしいことを発見した。このことは、遺伝的な指令が非常に単純なタンパク質ではなく、精子の中でかわらない核酸分子に含まれているらしいと思わせる。

それにもかかわらず、生化学者たちは動じなかった。タンパク質についての信念が動かなかったばかりでなく、一九三〇年代を通してすべての証拠は、核酸が非常に小さい分子（わずか四個のヌクレオチドからなる）であるので、遺伝的な指令を運ぶにはあまりにも簡単すぎるという事実を示すようにみえた。

アメリカの細菌学者、アヴェリー（Oswald Theodore Avery 一八七七〜一九五五年）がひきいる人たちが肺炎双球菌（肺炎を引きおこす細菌）を研究していた一九四四年に、転換期がやってきた。あるものは、細胞のまわりに莢膜をもつ〝スムーズ〟系統（S）であり、他のものはそのような莢膜のない〝ラフ〟系統（R）であった。明らかにR系統は莢膜を合成する能力がない。S系統の抽出物をR系統に加えると、後者をS系統にかえた。抽出物それ自身は莢膜の形成を引きおこさないが、明らかにそれはR系統に変化を引きおこし、細菌自身がその仕事をできるようにした。その抽出物は、細菌の形質を変化させるのに必要な遺伝情報を運んだ。この実験のまったく驚くべき部分は、その抽出物の分析で生じてきた。それは核酸の溶液であり、核酸のみであった。いかなる種類のタンパク質も存在しなかった。

少なくともこの一つの場合には、タンパク質ではなくて、核酸が遺伝物質であった。そのとき以来、生命の主要な鍵となる物質は結局核酸であることが認められた。一九四四年はまたペーパークロマトグラフィーが導入されたので、『種の起源』が出版された（一〇五頁参照）一八五九年以来の生物学の最も偉大な年といってもよいであろう。

一九四四年以後の数年間で、核酸の新しい見解が広く認められた。おそらく一番めざましいのはウイルスの研究を通してである。ウイルスは内部のくぼみに核酸分子をもち、外側にタンパク質の殻をもつことが示された。ドイツ系アメリカ人の生化学者、フレンケール・コンラット（Heinz Fraenkel-Conrat 一九一〇〜九九年）は一九五五年に、ウイルスを二つの部分に離し、ふたたびいっしょにすることができた。タンパク質部分はそれ自身全然感染性を示さず、それは死んでいた。核酸部分はそれ自身では少しは感染性を示し、それは〝生きていた〟。しかし最も効果的に自身を表現するためには、タンパク質部分を必要とした。

放射性同位元素を用いた研究は、たとえばバクテリオファージが細胞内に侵入する場合、核酸部分のみが細胞に入ることを明らかに示した。タンパク質部分は外側に残っていた。細胞内で核酸は自身と同じ（細菌の細胞が生来もっているのではない）多くの核酸分子をつくるようにしただけではなく、自身の殻つまり細菌細胞のではなく、自分に特異的なタンパク質を形成した。明らかに、タンパク質ではなく、核酸分子が遺伝情報を運ぶことにはもはやいかなる疑問もありえなかった。

ウイルス分子は、DNAかRNAあるいはその両方を含んでいた。しかし、細胞内では、DNAはもっぱら遺伝子の中に見出された。遺伝子は遺伝の単位であったので、核酸の重要性は結局DNAの重要性となった。

核酸の構造

アヴェリーの研究の後、核酸は、急速に強力に研究されるようになった。すぐにそれらが大きい分子であることがわかった。それらが小さいという思い違いが生じたのは、初期の抽出方法は激しかったので、抽出されたときに分子を小さい破片にこわしたからである。おだやかな技術によって、核酸分子はタンパク質分子と同じか、それ以上に大きい分子として抽出された。

オーストリア系のアメリカ人の生化学者、シャルガフ（Erwin Chargaff 一九〇五～二〇〇二年）は、核酸分子をこわし、ペーパークロマトグラフィーで破片を分離した。彼は、一九四〇年代の後半に、DNA分子中ではプリン基の数はピリミジン基の数と等しいことを示した。さらに明確には、アデニン基（プリン）の数はつねにチミン基（ピリミジン）の数と等しく、一方グアニン基（プリン）の数はシトシン基（ピリミジン）の数と等しかった。これは、A＝T、G＝Cとしてあらわされた。

ニュージーランド生まれのイギリスの物理学者、ウィルキンス（Maurice Hugh Frederick Wilkins 一九一六〜二〇〇四年）は、X線回折（二四一〜二四三頁参照）の技術を一九五〇年代の初めにDNAに適用した。そして、ケンブリッジ大学での彼の同僚であるイギリスの生化学者（もとは物理学者だったが転向した）、クリック（Francis Harry Compton Crick 一九一六〜二〇〇四年）とアメリカの生化学者、ワトソン（James Dewey Watson 一九二八〜　）は、ウィルキンスが得たデータを説明するような分子構造を考案しようと試みた。

ポーリングはちょうどそのとき、タンパク質のらせん構造の説（二四一頁参照）を

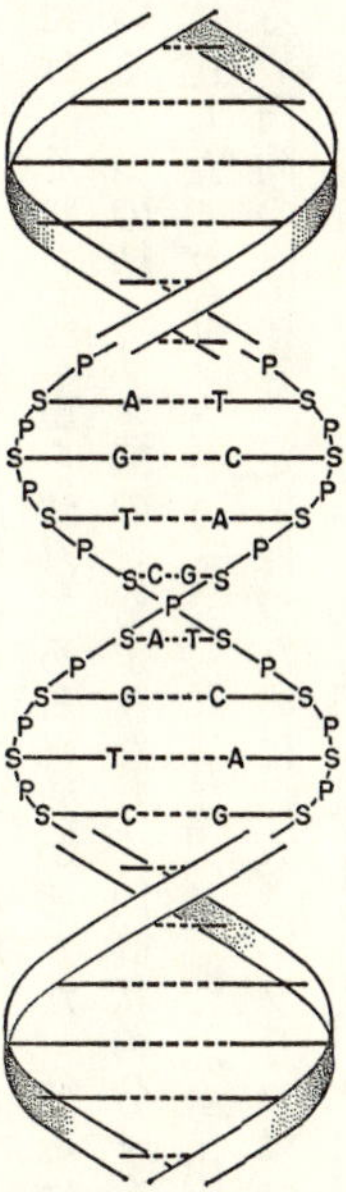

図7　DNA分子の二重らせん。骨格をなす糸は、交互の糖（S）とリン酸（P）よりなる。内部には、塩基のアデニン（A）、グアニン（G）、チミン（T）、シトシン（C）が伸びている。破線は糸をつないでいる水素結合である。複製のときは、これらの糸のおのおのは、つねに細胞内に存在するプリンとピリミジン（A．G．C．T．）などからその補充物をつくり出す。
(*Scientific American*の図より)

展開した。そして、クリックとワトソンには、らせん状のDNA分子がウィルキンスのデータに合うように思われた。しかしながら、シャルガフの発見を同時に説明するには、それらが二重らせんである必要があった。彼らは、共通の軸のまわりを巻いている二つの糖－リン酸の骨格よりなり、円筒状の分子を形成しているDNA分子を具体化した。プリンとピリミジンは骨格の内側に突き出て、円筒の中央に接近している。円筒の直径を一定に保つために、大きいプリンはつねに小さいピリミジンに接近していなければならない。特に、AはTと結合し、GはCと結合しなければならない。こうして、シャルガフの発見は説明された。

さらに、有糸分裂における重要な段階である染色体の複製についても今や説明がなされた（そして、ウイルス分子が細胞内で自己複製するやり方のような関連した問題に関しても）。

おのおののDNA分子は次のようにそれ自身の〝複製〟をつくる。二本の糖－リン酸の骨格はほどけ、おのおのが新しい〝補充部分〟(complement) のモデルとしてはたらく。一方の骨格にアデニンが存在するところへは、細胞内につねに存在する供給源からチミン分子が選択される。その逆も同様である。グアニン分子が存在するところへは、シトシン分子が選択され、その逆も同様である。このようにして、骨格1

は新しい骨格2をつくりあげ、一方骨格2は新しい骨格1をつくりあげる。まもなく、以前にはただ一本であったところに二本の二重らせんが存在する。

もしDNA分子が染色体（あるいはウイルス）の線にそってすべてこのようにふるまうならば、前に一本のみが存在したところへ二本の同じ染色体（あるいはウイルス）ができる。その過程はつねに完全に貫徹されるとは限らない。複製の過程で不完全が生じれば、新しいDNA分子はその〝祖先〟とは少しばかり異なっている。そして突然変異が生じる。

このワトソン・クリックの〝モデル〟は、一九五三年に世界に発表された。

遺伝暗号

しかし、核酸の分子はどのようにして形質に関する情報を次へ渡すのであろうか。それに対する解答はアメリカの遺伝学者、ビードル（George Wells Beadle 一九〇三～八九年）とテータム（Edward Lawrie Tatum 一九〇九～七五年）の研究を通じて明らかになった。一九四一年彼らはアカパンカビという名のカビで実験を始めた。それはアミノ酸を含まない栄養培地の上で生存できる。このカビは、単純な窒素を含む化合物からそれ自身がもつすべてのアミノ酸をつくることができた。

しかしながら、そのカビにX線を当てると、突然変異がおこり、それらの突然変異のいくつかは、すべての自身がもつアミノ酸をつくる能力が欠けていた。たとえば、一つの突然変異株は、アミノ酸のリジンをつくることができないので、生育するためには栄養培地の中にそのアミノ酸が存在しなければならないであろう。ビードルとテータムは、この能力がないということはふつうの突然変異をおこしていない株がもっている特異的な酵素を欠いていることによっておこるのを示すことができた。

彼らは、一つの決まった酵素の形成を監督するのが、一つの決まった遺伝子の特有のはたらきであると結論した。核酸の分子は、ある決まったひとそろいの酵素群を生産する能力をもつ精子と卵の中で、次の代に渡されていく。このひとそろいの酵素群の性質が細胞の化学的性質を支配する。そして、細胞の化学的性質は、その遺伝について科学者が調べているすべての形質をつくり出す。こうして、DNAから形質へと進んでいった。

しかしながら、遺伝子による酵素の生産は、明らかに仲介者を通してなされるに違いない。というのは、遺伝子のDNAは核の中にとどまっているが、タンパク質の合成は核の外で進行するからである。電子顕微鏡の出現によって、細胞は新しく、はるかに精密にくわしく研究され、タンパク質合成の正確な場所が発見された。

ミトコンドリア（二三〇頁参照）よりもずっと小さいので、〝ミクロゾーム〟（〝小さい物体〟を意味するギリシャ語に由来する）とよぶ、組織化された顆粒が細胞内に非常に多数認められた。一九五六年までに、最も根気強い電子顕微鏡学者の一人であるルーマニア系アメリカ人、パラーデ（George Emil Palade 一九一二～二〇〇八年）は、ミクロゾームがRNAに富んでいることを示すのに成功した。それゆえ、それらは〝リボゾーム〟と改名された。そして、タンパク質がつくられる場所はこれらのリボゾームであることが証明された。[1]

染色体からの遺伝情報はリボゾームにとどかなければならない。そして、これは、〝伝令RNA〟という特別な種類のRNAによってなされた。これは染色体の中のあるきまったDNA分子の構造をうつしとり、その構造をもってリボゾームに移行し、その上にとまる。アメリカの生化学者、ホーグランド（Mahlon Bush Hoagland 一九二一～二〇〇九年）によって最初に研究された〝運搬RNA〟[2]という小さい分子は、特異的なアミノ酸と結合し、次にそのアミノ酸を運んで、伝令RNAのそれにみあう点に結びつく。

残ったおもな問題は、特異的な運搬RNAがどのようにして特異的なアミノ酸と結合するようになるかを解決することであった。最も単純な考えは、アミノ酸自身が核酸のプリンやピリミジンに結合すると考えることであった。すなわち、さまざまのアミノ酸が、おのおの異なったプリンやピリミジンに結合するという考えである。しかしながら、約二〇種のアミノ酸があるのに、核酸の分子にはわずか四種のプリンとピリミジンしかない。それゆえ、少なくとも三個のヌクレオチドの組み合わせが、おのおののアミノ酸に対してあてはめられなければならない（三個のヌクレオチドには六四種の可能な組み合わせがある）。

アミノ酸に三個のヌクレオチドの組み合わせをあてはめることとは、一九六〇年代の初めの重要な生物学の問題であった。これは、ふつう〝遺伝暗号を解読すること〟といわれている。スペイン系アメリカ人の生化学者、オチョア（Severo Ochoa 一九〇五〜九三年）のような人々は、この点において活躍している。[3]

生命の起源

二〇世紀中ごろにおける分子生物学の進歩は、機械論者の地位を今までにないほど強いところへもたらした。遺伝学のすべては、生物にも無生物にも同様に適用される法則にしたがって、化学的に説明することができる。精神の世界でさえも、その奔流の前に屈するきざしを示している。学習と記憶の過程は、神経の径路の確立や保存

（一八九～一九〇頁参照）ではなくて、特別なRNAの合成と維持であるらしい（実際、非常に単純な生物である扁形動物は、すでにその作業を学習した他のなかまを食べることによって、その作業を学習することができることが示された。おそらく、食べたほうは、食べられたほうの完全なRNA分子を自分のからだにとりこんだのであろう）。

一九世紀の生気論者の立場に明らかな勝利をもたらしていた生物学の一面が残されていた。――自然発生の反証の問題である（一四四頁参照）。二〇世紀では、その反証は完全な意味では、それほど人を引きつけなくなっていた。実際、もし生物が無生物から決して発生することができないならば、生命はどのようにして始まったのであろうか。最も自然の仮説は、生命が何か超自然的なはたらきでつくられたと考えることである。しかし、その考えを受け入れることをこばめば、どうなるだろう。

一九〇八年スウェーデンの化学者、アレニウス（Svante August Arrhenius 一八五九～一九二七年）は超自然に求めないで、生命の起源を考えた。彼は、胞芽が他の宇宙からわれわれの惑星に到着して、地球上での生命が始まったと考えた。この空想は、広大な何もない空間を横切ってただよい、星からの弱い力に引かれながら、そここに着陸し、そこかしこの惑星を肥沃にする生命の粒子を引き出した。しかしながら、アレニウスの考えは問題を単に後退させたにすぎない。それは問題を解決しなかった。もし生命がわれわれ自身の惑星の上で生じたのでないならば、どこで発生したにしてもどのようにして発生したのであろうか。

もう一度、生命は無生物から発生することができないかどうか考え直す必要があった。パスツールは彼のフラスコを一定時間無菌状態に保ったが、一〇億年間もそのままにしておいたらどうなるであろうか。あるいは、フラスコの溶液を一〇億年間そのままにしておくのではなくて、海洋全体の溶液をそうしておいたらどうであろうか。そして、海洋が今日おかれているのとははるかに異なった条件のもとでそうしておかれたらどうであろうか。

生命をつくっている根本になる化学物質が、永劫の間、本質的に変化したと考えるべき理由はない。実際、それらは変化しなかったらしい。一〇〇〇万年も前の化石に少量のアミノ酸が存在し、分離されたものは今日生きている生物組織にあるアミノ酸と同じである。それにもかかわらず、地球の化学は一般に変化したのかもしれない。

宇宙の化学についての知識がふえ、アメリカの化学者、ユーリー（Harold Clayton Urey 一八九三〜一九八一年）のような人たちは、原始地球を仮定するようになった。そこでは大気は〝還元的〟なものであり、水素や、メタン、アンモニアのように水素を含む気体に富んでいて、遊離の酸素はなかった。

そのような条件下では、大気の上層にオゾンの層はないであろう（オゾンは酸素の一つの形である）。そのようなオゾンの層は現在存在し、太陽の紫外線の大部分を吸収する。還元性の大気中では、このエネルギーに富む放射線は海にまで透過し、海洋中で現在はおこらない反応を引きおこすであろう。複雑な化合物がゆっくりと形成され、海洋中にすでに存在する生命をもたないこれらの分子は消費されるのではなく、蓄積されるであろう。ついに、複製する分子として役立つのに十分なほど複雑な核酸の分子が形成され、そしてこれが生命の本質的な要素となるのであろう。

突然変異と自然選択によって、はるかに有効な形の核酸がつくられるであろう。それらはついに細胞に発達し、またそれらのあるものはクロロフィルをつくり始めるであろう。光合成は（たぶん、生命のない他の過程の助けを得て）原始的な大気を、われわれにおなじみの遊離の酸素に富む大気へ変えるであろう。酸素のある大気中で、すでに生命に富んだ世界では、今のべたような型の自然発生はもはやありえないであろう。

これは大部分推測である（注意深く論じた推論であるが）。しかし一九五三年に、ユーリーの弟子の一人であるミラー（Stanley Lloyd Miller 一九三〇〜二〇〇七年）

は、有名になった実験を行った。彼はまず水を注意深く浄化し、滅菌した。そして、水素・アンモニア・メタンよりなる〝大気〟を加えた。これを、密閉した装置の中で、放電を通して、循環させた。この放電は、太陽の紫外線のはたらきをまねるように設計されたエネルギーの投入に相当する。彼は一週間これを続け、次にその水溶液をペーパークロマトグラフィーで分離した。彼はそれらの成分の中に簡単な有機化合物と二、三の小さなアミノ酸を発見した。

一九六二年、カリフォルニア大学で同様な実験が繰り返された。そこでは、エタン（炭素二個のメタンと非常によく似た炭素二個の化合物）が大気に加えられた。より多くの種類の有機化合物が得られた。そして、一九六三年、重要な高エネルギーリン酸化合物の一つである、アデノシン三リン酸（二二七頁参照）が同様な方法で得られた。

これが小さな装置の中でおよそ一週間でなされるのであれば、一〇億年間に全海洋と大気をもって何ものもつくられないことがあるであろうか。

われわれはこれからも発見するであろう。地球の歴史をそのあけぼのまでさかのぼる進化の経過を明らかにするのは困難なように思われるかもしれないが、もしわれわれが月に到着すれば生命の出現に先立つ化学変化の過程をもっとはっきり解明できるかもしれない。もしわれわれが火星に到着すれば、地球のとはまったく異なる条件下で発達した簡単な生物を研究できるかもしれない（きっとできるであろう）。そして、それもまたいくつかのわれわれの地球の問題に適用できるかもしれない。

われわれ自身の惑星の上ですら、大洋の深海溝というまったく違った条件下の生物について年ごとに学びつつある。というのは、一九六〇年、人間は最も深い海の底に到達できた。海の中で、われわれはイルカという人間以外の知能との通信を確立することさえも可能である。

人間の精神自身も、分子生物学者の探究に対してその神秘性を放棄するかもしれない。サイバネティックス[4]とエレクトロニクスの知識が増すことによって、われわれは生命のない知能をつくり出すことができるかもしれない。

しかし、待つことのみが必要であるとき、なぜ推測をするのであろうか。いかに大きく前進し、未知のことについての知識がいかに驚くほどさかんに得られようと、未来に残されているものはつねにさらに大きく、さらに興味深く、さらにすばらしいものであるということは、たぶん科学的研究の最も満足すべき点であろう。

今生きている人々の存命中にも、なお何も明らかにされないことがあるであろうか。

（1）訳注　この部分は、おそらく原著者アシモフの思い違いであろう。ミクロゾームは細胞をこわして、遠心分離機で大きさの順に分けたときに、ミトコンドリアの次に沈澱する顆粒につけられたもので、細胞内にはそのような顆粒はない。電子顕微鏡でみると、細胞質の中に膜状の構造があり（ERとよばれる）、その上に小さい顆粒がついている。この顆粒が〝リボゾーム〟で、ミクロゾームはERとリボゾームの破片である（二二九頁の図5参照）。電子顕微鏡でリボゾームをはっきり示したのはパラーデであるが、ミクロゾームにRNAが多いことを示したのは、他の多くの生化学者たちである。

（2）訳注　transfer-RNA、転移RNAともいう。

（3）訳注　遺伝暗号の解読は、一九六八年度のノーベル賞受賞者、ニーレンバーグ（Nirenberg）らも研究した。

（4）訳注　通信工学、操縦工学から、統計力学、統計学、生物体における協調、特に神経系や脳の生理学から心理学までを含む広い領域の間に、共通な統一理論を研究しようとする学問で、アメリカの数学者で電気工学者であるウィーナーが第二次大戦後提唱した。

訳者あとがき——学術文庫版の刊行にあたって

本書は、アメリカの自然史博物館（American Museum of Natural History）が、生命科学および地球科学の知識を学生や一般人に普及させるために出版した、American Natural Science Books という叢書の一冊 "A Short History of Biology" の全訳である。

著者は、SF作家であり、優れた科学の啓蒙書の著者として有名なアイザック・アシモフである。彼はまた、ボストン医科大学の生化学の教授も務めていた。

生物学は生命についての関心から始まり、古代より長い歴史を持つが、自然科学の一分野としての体系がまとまり、急速な進歩をとげたのは、二〇世紀に入ってからである。特に二〇世紀後半は生物学の革命の時代といわれ、従来の生物学の面目を一新するほどの新しく輝かしい業績が上げられている。

このような生物学の流れを考えてみると、古代から現代にいたる生物学の歴史を一人の著者がまとめあげるのは、不可能に近いと思われる難事である。しかし、一九六四年にアシモフが著した本書は、彼の博学と文才を武器としてこの難事をやりのけ、手際よくまとめあげている。ふつう、生物学史は、自然発生・生命観・進化説など、いわば思想史的な面が中心になりがちだが、アシモフはこれらの面とともに、生物のはたらきを中心に、生化学や分子生物学をはじめとする当時の最新の研究にも多くのページをさいている。

本書の邦訳は、初め「アシモフ選集」の一冊として、共立出版より刊行された。発刊当初から、古代から現代に至る生物学史を簡潔にまとめた本として好評であった。特に、科学史研究家の筑波常治氏は、アシモフのまとめ方のすばらしさを高く評価した書評を発表された。しかし、「アシモフ選集」という幅広いジャンルにわたるシリーズの一冊であったためか、好著であるのにあまり目立たない存在だった。それが今回、講談社学術文庫として新たに刊行される運びとなり、訳者にとって大変喜ばしいことである。

本書は「古代の生物学」から始まって、「分子生物学」で終わっている。分子生物学は本書の刊行以後、飛躍的に発展した。DNAの塩基配列とアミノ酸との対応が明らかになり、「遺伝子の暗号」が解読された。特にヒトの全遺伝子（ゲノム）の解読は、人間生活に大きな影響を与え、個人識別をもとにして犯罪捜査等で広く応用されるようになった。今やＤＮＡは日常語となっている。また、遺伝子を操作する技術として、「バイオテクノロジー」が進展し、医学、科学、農学、薬学への応用が進んだ。動物、植物、微生物の品種改良などでバイオテクノロジーという新分野が開発された。

このようなことを反映して、各大学に生命科学関係の学部・学科が次々に新設され、今や生命科学に関与する人は急速に増えている。このような人々にとって、生物学の歴史を振り返ることは決して無駄にはならないと思われる。またアシモフの語る生物学の歩みは、一般の方々にとっても格好のガイドブックとして興味深く有意義な読み物になってくれるのではないか。

なお、文庫化にあたっては、原著の明らかな誤記と思われる箇所を修正したほか、人名や用語の表記を近年の規準で改め、人物の生没年等に加筆・訂正を行った。

終わりに、本書を学術文庫の一冊として刊行することを企画された講談社の梶慎一郎氏、ならびに学術図書第一出版部の皆様に、厚く謝意を表したい。

二〇一四年　初夏

太田次郎

ラボアジェ　80-82, 138
ラマルク　69-71, 115
ラモン・イ・カハル　184, 185
ラントシュタイナー　201, 202, 211
リー　198
リケッチア　252
リケッツ　166, 252
リスター　158, 159
リップマン　227
リード　165, 207
リービッヒ　137-139, 142-144
リボース　258
リボゾーム　229, 267
リボヌクレアーゼ　250
リンガー　213
リンド　168, 174
リンネ（リンナエウス）　64-69, 74, 75
ルネッサンス　33
ルーブナー　140, 228
レイ　63, 64
レーヴィ　192
レヴィーン　257-259
レーウェンフック　53-56, 58, 94, 142
レオナルド・ダ・ヴィンチ　34
レオミュール　78, 79, 148
レチウス　204
レーディ　58
レフラー　207
レマーク　95
錬金術　36, 37
連鎖　254, 255
ロイカルト　164
ロス　164
ロビンス　211
ローマ　24, 25

ワ 行

ワックスマン　221, 222
ワッセルマン　201
ワトソン, J・B　190
ワトソン, J・D　263-265
ワルダイエル　184, 185

ベルテロ　85, 86, 129, 139
ペルト　110
ヘルムホルツ　82
ヘルモント　49, 50, 79
ヘロフィルス　22, 23, 43
ヘンチ　198
ボイド　205
放射性同位元素　230, 232, 261
ホーエンハイム　36, 37
ホーグランド　267
補体結合　201
ホプキンズ　170, 173, 174
ホームズ　157
ホモ・サピエンス　66, 110
ポーリング　241, 263
ボルデ　220
ホルモン　195-198, 249
ボレリ　49, 78
ボローニャ　32, 33
本能　187

マ 行

マイアー　82, 83
マイエルホーフ　226
マイノット　242
マグヌス・レヴィ　140, 195
マジャンディー　135, 136
麻酔　158
マーチン　245
マッコラム　174
マーフィ　242
マラー　255
マラリア　105, 163-165, 223
マルサス　101, 105
マルピーギ　53, 54
『ミクログラフィア』　55
ミクロゾーム　267
ミーシャー　257
ミッシング・リンク　112, 113
ミトコンドリア　230, 267
ミハエリス　236
ミュラー, O　56
ミュラー, P　223
ミラー　271
ミンコフスキー　196
無脊椎動物　69, 98, 164
『無脊椎動物の博物学』　70
ムルダー　87
メスマー　177, 178
メダワー　214
メチニコフ　159, 200
メリング　196
免疫学　200
メンデル　119-124, 126-128, 132, 202
毛管　53, 54
モーガン　254
モートン　158
モール　93
門　75
モンディーノ　32, 33, 36, 40

ヤ 行

薬学　25
ヤング　82
有機化合物　86, 129, 139, 223, 227, 272
有糸分裂　130, 131, 264
優生学　116, 124
『夢判断』　180
ユーリー　270, 271
ユング　181
ヨハンゼン　254

ラ 行

ライエル　77, 100, 105, 109, 111
ライヒシュタイン　197
ラウス　208
ラヴラン　163
ラジーア　165

比較解剖学　74, 75, 98, 106
比較発生学　97
ビーグル号　99
ビシャー　92, 94
ヒステリー　177
微生物学　55
ビタミン　173-175, 235, 242
ヒッチッヒ　183
ヒッポクラテス　15-18, 30, 42, 168, 176
ピテカントロプス・エレクトス　113
ビードル　265, 266
ビネー　189
ピネル　176
ビュッフォン　68, 69
氷河時代　108, 109
病理学　145
ピリミジン　257, 258, 262-264, 268
ヒル　226
ファブリッツィ（ファブリキウス）　44, 45
ファロッピオ（ファロピウス）　41
ファロピウス管　41
フィッシャー　243, 244
フィルヒョー　112, 145, 167
フェヒナー　188
フォル　96
不可欠アミノ酸　171, 172
複製　264
ブサンゴー　136-138
フック　55, 93
ブーテナント　197
ブフナー　150, 225
プラウト　87, 148
ブラウン　128
プリーストリ　80
フリッチ　183
プリニ（プリニウス）　25-27, 29, 35
プリン　257, 258, 262-264, 268
プルキニエ　93
ブールハーフェ　60
ブレイド　178
ブレークスリー　256
フレミング, A　220
フレミング, W　129, 130, 132
フレンケール・コンラット　261
フロイト　178-180
ブローカ　112, 183
ブローカの回転部　183
フロジストン　59
フローリイ　221
フンク　173, 174
分子生物学　238
分類学　65, 106
ベーア　95-97, 108
ペイアン　147
ベイエリンク　206
ベサリウス　39-42
ベスト　197
ベーセリウス　85, 147
ヘッケル　107, 108
ペッテンコッフェル　139, 167
ベード　29
ペトリ　162
ペトリ皿　163, 210
ペニシリン　211, 220, 221
ベネーデン　132
ペーパークロマトグラフィー　233, 246, 247, 260, 262, 272
ペプシン　148, 149, 238
ペラグラ　173, 174
ベーリス　194, 196
ベーリング　199, 200
ベルガー　192
ヘールズ　79, 185
ペルツ　242

デオキシリボース　258
テオフラストス　22, 25, 35, 63
デカルト　48
適者生存　114
テータム　265, 266
テトラサイクリン類　222
デュ・ヴィニョー　249
デュボア　112, 113
デュ・ボア・レイモン　191
デュボス　219-221
デ・ラ・ボエ（シルヴィウス）　50
デール　192
デレル　207
電気泳動　240
電子顕微鏡　229, 252, 266
天変地異説　76, 77
伝令ＲＮＡ　267
ドイツのプリニ　35
同位元素　230-232
トゥオート　207
頭示数　204
糖尿病　195-197
動物学　22, 68
『動物哲学』　70
床屋外科医たち（barber-surgeons）　42
突然変異　126, 127, 254-256, 265, 266
トッド　258
ド・フリース　125-127, 132, 254
ドーマク　218
トマス・アクイナス　31
トリパン・レッド　217, 218

ナ　行

内胚葉　96
内分泌学　198
内分泌腺　194
ニコル　166
ニーダム　61, 68
ニューロン　184-187
『人間の進化』　111
ヌクレオチド　258-260, 268
ネアンデルタール人　112
ネーゲリ　118, 119, 124, 125, 128
熱量計　139
熱量測定　138, 141
脳　17, 23, 181-185
脳波（ＥＥＧ）　192
ノースロップ　237

ハ　行

胚　90, 95-98, 210, 214
胚種説　157, 159, 161, 163, 167, 172, 206, 208
胚葉　95
ハーヴィ　45-49, 51, 53, 58, 91
白質　182
バクテリオファージ　208, 252, 261
博物学　19, 25, 35
パスツール　143-145, 151, 156-163, 206
ハックスリ　107, 111
発酵　50, 142, 143, 150, 151
発疹チフス　166, 223
発生学　15, 95
ハットン　72, 73, 76, 77
ハーデン　225, 227, 234
バーネット　214
パブロフ　189
ハムラビ法典　12
ハラー　181, 182, 190
パラケルスス　38
パラーデ　267
パレ　42
反射作用　186, 187
バンティング　197
ＢＭＲ　140, 195

神経電位　190
『人口論』　101
人種　65, 203-205
神聖な病気　17, 192
『神聖な病気について』　17, 18
『心臓と血液の動きについて』　46
『人体の構造について』　39
心電図（ＥＫＧ）　192
スヴェードベリ　238, 239
ズウォーリキン　229
スキナー　190
スターリング　194, 196
スタンリー　252
ストレプトマイシン　222
スパランツァーニ　61, 62, 144
スペンサー　114, 115, 117
スミス　73
スワンメルダム　52, 54
生化学　50, 98, 135, 231
生気論　134, 140, 141, 144, 146, 151
生気論者　47, 59-61, 84, 144, 148-151, 269
星状体　130, 131
精神医学　178, 181
『精神錯乱』　176
精神身体的病気　177
精神物理学　188
精神分析　180
『生存競争における優勢種の保存』　105
生態学　224
性ホルモン　197
生命の起源　57, 269
生理学　43, 47
脊椎動物　69, 74, 75, 97, 98
セクレチン　194
セービン　212
染色質　129-132
染色体　130-133, 253-256, 259, 264, 265, 267
染色体地図　255
前成説　91
セント・ジェルジ　228
センメルヴァイス　157
属　65, 66
組織　92-95
組織学　92, 98

タ 行

タイラー　210
ダーウィニズム　107, 108
ダーウィン　68, 99-107, 109-111, 114, 117, 125
ダーウィンフィンチ　100
高峰譲吉　195
タバコモザイク病　206, 252
ターレス　13
炭水化物　87-89, 135, 138-140
タンパク質　87-89, 135, 140, 148, 169-171, 196, 212-214, 236-244, 246, 258-263, 266, 267
チェイン　221
チェルマック　127
『地球説』　72
『地質学原理』　77
窒素固定細菌　136
中間代謝　225, 234
中胚葉　96
超遠心分離　240
超遠心分離機　238, 239
チロキシン　195-197
チロスリシン　220
ツウェット　244, 245
ＤＮＡ　258, 262-267
ディオスコリデス　25
ティセーリウス　239
ＤＤＴ　223
デーヴィ　146
デオキシリボ核酸　258

ゴーガス　166
古生物学　75, 98, 106
『古代の人間』　111
コーチゾン　198
コッセル　257, 259
コッホ　162, 163, 199, 206, 210
コペルニクス　39, 41
コラー　179
コリ　226, 227
コリ・エステル　226
ゴルジ　184-186
ゴルジ体　185, 193, 229
コルチコイド　198
ゴールドベルガー　174
ゴルトン　115-117, 124
コルヒチン　256
コレンス　127
コーン　161, 162

サ 行

サイバネティックス　273
細胞　56, 92-97
細胞学　94, 98
細胞器官　229, 230
細胞説　94, 96, 128, 145, 148, 184
催眠術　177-180
サットン　132
サムナー　237
サルバルサン　218
サルファニルアミド　219
サンガー　247, 249
ジアスターゼ　147
シアノコバルアミン　242
ジェラルド　31
シェリントン　186
ジェンナー　154-156
シェーンハイマー　231
ジクロロジフェニルトリクロロエタン　223
脂質　87-89, 138-140
自然選択　102, 106, 115, 118, 122, 133
『自然選択による種の起源』　105
『自然の体系』　65
自然の法則　13, 16, 47
自然発生　57-59, 61, 62, 68, 144, 269, 271
シナプス　184-186, 192
シーボルト　94
社会学　114
シャルガフ　262, 264
種　19, 62-66
シュヴァン　93, 94, 142, 148
雌雄選択　103
自由な連想　179
受精　96
受精卵　96, 97, 133
シュタール　59, 60
種痘　155, 160, 209
『種の起源』　105, 106, 110, 260
腫瘍学　209
シュライデン　93, 94, 128
ジュール　82
条件反射　189
初期ヨーロッパ人　205
触媒作用　147
植物学　22
植物生理学　79
食物因子　171-173
助酵素　235, 236
シルヴィウス（デ・ラ・ボエ）　50, 51, 78
進化　67-71, 114
進化の支流　114
シング　245
神経　181-184
神経解剖学　186
神経化学　193
神経学　181
神経生理学　186

オイラー・ケルピン 235
オーウェン 106
オチョア 268
親子鑑別 202
オーレオマイシン 222

カ 行

壊血病 168, 169, 171-174
外胚葉 96
灰白質 182
解剖学 15, 41
化学療法 216, 218, 219
核酸 257-262, 265, 266, 268, 271
獲得形質 70, 71, 115
欠けている環（ミッシング・リンク） 112
化石 72-77, 107, 112, 118, 270
脚気 172-174
カッツ 212
ガリレオ・ガリレイ 46, 51
ガル 182, 190
ガルヴァーニ 190
カルヴィン 232, 233, 246
カルカア 40
ガレノス 26, 27, 30-32, 38, 40, 44-47
カレル 214
癌 208, 209
カンドル 75
キイロショウジョウバエ 254
機械論（機械論者） 48, 49, 59-61, 81, 82, 137, 138, 144, 152, 190, 268
寄生虫学 164
基礎代謝率 140, 195
キュヴィエ 74-77, 107, 109
キューネ 149
胸腺 215
局部麻酔 179
ギリシャ人 12, 22, 24-26, 36, 43
キリスト教 23, 28-31
キルヒホッフ 146
均一説 72, 76
クック船長 169
グッドパスチュア 210
グラーフ 52
グラーフ濾胞 52, 95
クリック 263-265
グリーン 230
グルー 52
グレー 108
クレブズ 228
クレブズ回路 228, 230
クロマトグラフィー 245, 247
ゲーゲンバウル 96
ゲスナー 35
血液型 202-205, 213
血液の循環 43, 58
血清 199-202
血清学 200, 201, 206
ケトレ 203
ケリカー 96, 125
ケルスス 25, 30, 37, 38
原形質 93, 161, 229
賢者の石 37
原生動物 55, 58, 94, 107, 164, 217
ケンドリュー 242
ケンドル 195-198
顕微鏡 51-53, 55, 56, 90, 229
コヴァレフスキー 97, 98
公衆衛生学 167
甲状腺 140, 195, 196
後成説 91, 95, 97
抗生物質 220-222
酵素 147-152, 225, 230, 234-238, 250, 266
抗体 160, 199-201, 209, 212-215
行動 185, 187-189
行動主義 189, 190
合理主義 14, 15, 17, 26, 31

索　引

ア　行

ＩＱ（知能指数）　189
アイントホーフェン　191
アヴェリー　260, 262
アガシー　108, 109
アクロマイシン　222
アスクレピウスの神殿　15
アースフェナミン　218, 219
アセチルコリン　193
アテネ　18
アドラー　180
アドレナリン　195
アビケンナ（イブン・シナ）　30, 32, 38
アミノ酸　169-171, 228, 231, 232, 241, 243-247, 249, 250, 258, 265-268, 270, 272
アミノ酸配列　246, 249, 250
アミン　173, 242
アラビア人　29, 30
アリストテレス　18-23, 26, 30, 31, 46, 63, 65
Rhマイナス　205
ＲＮＡ　258, 262, 267, 269
アルクマエオン　15, 23, 41
アルピニ　35
アルブメン　87
アルベルトゥス　31
アレクサンドリア　22, 36
アレクシン　200
アレニウス　269, 270
アレルギー　212
暗黒時代　28, 29, 36
イオニア　13-15, 28
遺伝暗号　265, 268
遺伝学　124, 268
遺伝子　254-256, 262, 266
イブン・シナ（アビケンナ）　30
イワノフスキー　206
インゲンホウス　80
インシュリン　197, 247, 249, 250
ウァールブルグ　227
ウィルキンス　263, 264
ヴィルシュテッター　237, 245
ウイルス　207-212, 222, 251-254, 256, 259, 261
ウイルス学　207
ウイルス病　206, 207, 209, 216
ウェーバー　188
ウェーバー・フェヒナーの法則　188
ウェラー　211
ウェーラー　85
ヴォイト　139, 140
ヴォルフ　91, 95
ウォーレス　104, 105, 110
ウォーレス線　104
ウサイ　198
ヴント　188
エイクマン　172, 173
栄養　135, 169
エウスタキウス　41
エウスタキオ管　42
Ｘ線　238, 240-243, 255, 256, 263, 266
エネルギー転換　83, 84
エピネフリン　195
エラシストラトス　23
エラスムス・ダーウィン　68, 99
エールリヒ　199, 200, 217, 218
エンダース　211, 212

KODANSHA

本書は、一九六九年に共立出版より刊行された『生物学小史』（「アシモフ選集」生物編1）を文庫化にあたり改題したものです。

アイザック・アシモフ

Isaac Asimov(1920—1992)。アメリカの作家，生化学者。著書に『われはロボット』『ファウンデーション』『黒後家蜘蛛の会』等のＳＦ，ミステリーのほか，『化学の歴史』『宇宙の測り方』等の科学啓蒙書やエッセイが多数ある。

太田次郎（おおた　じろう）

1925年生まれ。東京大学理学部卒。専攻は細胞生物学。お茶の水女子大学教授，学長等を経て，同大名誉教授。著書に『バランス感覚』『細胞からみた生物学』ほか。2018年没。

講談社学術文庫

定価はカバーに表示してあります。

せいぶつがく　れきし
生物学の歴史

おおたじろう
アイザック・アシモフ／太田次郎 訳

2014年７月10日　第１刷発行
2025年10月６日　第９刷発行

発行者　篠木和久
発行所　株式会社講談社
東京都文京区音羽 2-12-21 〒112-8001
電話　編集（03）5395-3512
販売（03）5395-5817
業務（03）5395-3615
装　幀　蟹江征治
印　刷　株式会社広済堂ネクスト
製　本　株式会社国宝社
本文データ制作　講談社デジタル製作

ISBN978-4-06-292248-7

「講談社学術文庫」の刊行に当たって

これは、学術をポケットに入れることをモットーとして生まれた文庫である。学術は少年の心を養い、成年の心を満たす。その学術がポケットにはいる形で、万人のものになることは、生涯教育をうたう現代の理想である。

こうした考え方は、学術を巨大な城のように見る世間の常識に反するかもしれない。また、一部の人たちからは、学術の権威をおとすものと非難されるかもしれない。しかし、それはいずれも学術の新しい在り方を解しないものといわざるをえない。

学術は、まず魔術への挑戦から始まった。やがて、いわゆる常識をつぎつぎに改めていった。学術の権威は、幾百年、幾千年にわたる、苦しい戦いの成果である。こうしてきずきあげられた城が、一見して近づきがたいものにうつるのは、そのためである。しかし、学術の権威を、その形の上だけで判断してはならない。その生成のあとをかえりみれば、その根は常に人々の生活の中にあった。学術が大きな力たりうるのはそのためであって、生活をはなれた学術は、どこにもない。

開かれた社会といわれる現代にとって、これはまったく自明である。生活と学術との間に、もし距離があるとすれば、何をおいてもこれを埋めねばならない。もしこの距離が形の上の迷信からきているとすれば、その迷信をうち破らねばならぬ。

学術文庫は、内外の迷信を打破し、学術のために新しい天地をひらく意図をもって生まれた。文庫という小さい形と、学術という壮大な城とが、完全に両立するためには、なおいくらかの時を必要とするであろう。しかし、学術をポケットにした社会が、人間の生活にとってより豊かな社会であることは、たしかである。そうした社会の実現のために、文庫の世界に新しいジャンルを加えることができれば幸いである。

一九七六年六月　　野間省一